U0178554

国家出版基金项目
NATIONAL PUBLICATION FOUNDATION

"十三五"国家重点出版物出版规划项目

海洋机器人科学与技术丛书

封锡盛 李 硕 主编

自主水下机器人实时避碰方法

徐红丽 高 雷 著

科学出版社
龙门书局
北 京

内 容 简 介

本书聚焦于如何设计一个完整的 AUV 实时避碰系统，分别介绍实时避碰系统中涉及的各个部分，主要包括：如何根据不同类别避碰声呐输出信息进行避碰场景的表达和判断(第 2、3 章)；如何根据避碰场景和系统状态实时决策避碰行为(第 4、5 章)；如何实时更新地图并进行实时路径规划(第 6 章)；最后，针对避碰性能评价提出一种实时避碰能力的定量评价方法(第 7 章)。

本书可供机器人工程、海洋机器人等相关领域的科研人员和研究生阅读参考。

图书在版编目(CIP)数据

自主水下机器人实时避碰方法 / 徐红丽，高雷著. —北京：龙门书局，2020.11

(海洋机器人科学与技术丛书/封锡盛，李硕主编)

"十三五"国家重点出版物出版规划项目　国家出版基金项目

ISBN 978-7-5088-5878-4

Ⅰ. ①自…　Ⅱ. ①徐…　②高…　Ⅲ. ①水下作业机器人–避碰–方法　Ⅳ. ①TP242.2

中国版本图书馆 CIP 数据核字 (2020) 第 228842 号

责任编辑：杨慎欣　张　震　狄源硕 / 责任校对：樊雅琼
责任印制：师艳茹 / 封面设计：无极书装

科学出版社 出版
龙门书局
北京东黄城根北街 16 号
邮政编码：100717
http://www.sciencep.com

中国科学院印刷厂 印刷
科学出版社发行　各地新华书店经销

*

2020 年 11 月第 一 版　开本：720 × 1000　1/16
2020 年 11 月第一次印刷　印张：10 1/4　插页：6
字数：207 000

定价：108.00 元
(如有印装质量问题，我社负责调换)

丛书前言一

　　浩瀚的海洋蕴藏着人类社会发展所需的各种资源，向海洋拓展是我们的必然选择。海洋作为地球上最大的生态系统不仅调节着全球气候变化，而且为人类提供蛋白质、水和能源等生产资料支撑全球的经济发展。我们曾经认为海洋在维持地球生态系统平衡方面具备无限的潜力，能够修复人类发展对环境造成的伤害。但是，近年来的研究表明，人类社会的生产和生活会造成海洋健康状况的退化。因此，我们需要更多地了解和认识海洋，评估海洋的健康状况，避免对海洋的再生能力造成破坏性影响。

　　我国既是幅员辽阔的陆地国家，也是广袤的海洋国家，大陆海岸线约 1.8 万千米，内海和边海水域面积约 470 万平方千米。深邃宽阔的海域内潜含着的丰富资源为中华民族的生存和发展提供了必要的物质基础。我国的洪涝、干旱、台风等灾害天气的发生与海洋密切相关，海洋与我国的生存和发展密不可分。党的十八大报告明确提出："提高海洋资源开发能力，发展海洋经济，保护海洋生态环境，坚决维护国家海洋权益，建设海洋强国。"[①]党的十九大报告明确提出："坚持陆海统筹，加快建设海洋强国。"[②]认识海洋、开发海洋需要包括海洋机器人在内的各种高新技术和装备，海洋机器人一直为世界各海洋强国所关注。

　　关于机器人，蒋新松院士有一段精彩的诠释：机器人不是人，是机器，它能代替人完成很多需要人类完成的工作。机器人是拟人的机械电子装置，具有机器和拟人的双重属性。海洋机器人是机器人的分支，它还多了一重海洋属性，是人类进入海洋空间的替身。

　　海洋机器人可定义为在水面和水下移动，具有视觉等感知系统，通过遥控或自主操作方式，使用机械手或其他工具，代替或辅助人去完成某些水面和水下作业的装置。海洋机器人分为水面和水下两大类，在机器人学领域属于服务机器人中的特种机器人类别。根据作业载体上有无操作人员可分为载人和无人两大类，其中无人类又包含遥控、自主和混合三种作业模式，对应的水下机器人分别称为无人遥控水下机器人、无人自主水下机器人和无人混合水下机器人。

---

　　① 胡锦涛在中国共产党第十八次全国代表大会上的报告. 人民网，http://cpc.people.com.cn/n/2012/1118/c64094-19612151.html

　　② 习近平在中国共产党第十九次全国代表大会上的报告. 人民网，http://cpc.people.com.cn/n1/2017/1028/c64094-29613660.html

无人水下机器人也称无人潜水器，相应有无人遥控潜水器、无人自主潜水器和无人混合潜水器。通常在不产生混淆的情况下省略"无人"二字，如无人遥控潜水器可以称为遥控水下机器人或遥控潜水器等。

世界海洋机器人发展的历史大约有 70 年，经历了从载人到无人，从直接操作、遥控、自主到混合的主要阶段。加拿大国际潜艇工程公司创始人麦克法兰，将水下机器人的发展历史总结为四次革命：第一次革命出现在 20 世纪 60 年代，以潜水员潜水和载人潜水器的应用为主要标志；第二次革命出现在 70 年代，以遥控水下机器人迅速发展成为一个产业为标志；第三次革命发生在 90 年代，以自主水下机器人走向成熟为标志；第四次革命发生在 21 世纪，进入了各种类型水下机器人混合的发展阶段。

我国海洋机器人发展的历程也大致如此，但是我国的科研人员走过上述历程只用了一半多一点的时间。20 世纪 70 年代，中国船舶重工集团公司第七〇一研究所研制了用于打捞水下沉物的"鱼鹰"号载人潜水器，这是我国载人潜水器的开端。1986 年，中国科学院沈阳自动化研究所和上海交通大学合作，研制成功我国第一台遥控水下机器人"海人一号"。90 年代我国开始研制自主水下机器人，"探索者"、CR-01、CR-02、"智水"系列等先后完成研制任务。目前，上海交通大学研制的"海马"号遥控水下机器人工作水深已经达到 4500 米，中国科学院沈阳自动化研究所联合中国科学院海洋研究所共同研制的深海科考型 ROV 系统最大下潜深度达到 5611 米。近年来，我国海洋机器人更是经历了跨越式的发展。其中，"海翼"号深海滑翔机完成深海观测；有标志意义的"蛟龙"号载人潜水器将进入业务化运行；"海斗"号混合型水下机器人已经多次成功到达万米水深；"十三五"国家重点研发计划中全海深载人潜水器及全海深无人潜水器已陆续立项研制。海洋机器人的蓬勃发展正推动中国海洋研究进入"万米时代"。

水下机器人的作业模式各有长短。遥控模式需要操作者与水下载体之间存在脐带电缆，电缆可以源源不断地提供能源动力，但也限制了遥控水下机器人的活动范围；由计算机操作的自主水下机器人代替人工操作的遥控水下机器人虽然解决了作业范围受限的缺陷，但是计算机的自主感知和决策能力还无法与人相比。在这种情形下，综合了遥控和自主两种作业模式的混合型水下机器人应运而生。另外，水面机器人的引入还促成了水面与水下混合作业的新模式，水面机器人成为沟通水下机器人与空中、地面机器人的通信中继，操作者可以在更远的地方对水下机器人实施监控。

与水下机器人和潜水器对应的英文分别为 underwater robot 和 underwater vehicle，前者强调仿人行为，后者意在水下运载或潜水，分别视为"人"和"器"，海洋机器人是在海洋环境中运载功能与仿人功能的结合体。应用需求的多样性使得运载与仿人功能的体现程度不尽相同，由此产生了各种功能型的海洋机器人，如观察型、作业型、巡航型和海底型等。如今，在海洋机器人领域 robot 和 vehicle 两词的内涵逐渐趋同。

信息技术、人工智能技术特别是其分支机器智能技术的快速发展，正在推动海洋机器人以新技术革命的形式进入"智能海洋机器人"时代。严格地说，前述自主水下机器人的"自主"行为已具备某种智能的基本内涵。但是，其"自主"行为泛化能力非常低，属弱智能；新一代人工智能相关技术，如互联网、物联网、云计算、大数据、深度学习、迁移学习、边缘计算、自主计算和水下传感网等技术将大幅度提升海洋机器人的智能化水平。而且，新理念、新材料、新部件、新动力源、新工艺、新型仪器仪表和传感器还会使智能海洋机器人以各种形态呈现，如海陆空一体化、全海深、超长航程、超高速度、核动力、跨介质、集群作业等。

海洋机器人的理念正在使大型有人平台向大型无人平台转化，推动少人化和无人化的浪潮滚滚向前，无人商船、无人游艇、无人渔船、无人潜艇、无人战舰以及与此关联的无人码头、无人港口、无人商船队的出现已不是遥远的神话，有些已经成为现实。无人化的势头将冲破现有行业、领域和部门的界限，其影响深远。需要说明的是，这里"无人"的含义是人干预的程度、时机和方式与有人模式不同。无人系统绝非无人监管、独立自由运行的系统，仍是有人监管或操控的系统。

研发海洋机器人装备属于工程科学范畴。由于技术体系的复杂性、海洋环境的不确定性和用户需求的多样性，目前海洋机器人装备尚未被打造成大规模的产业和产业链，也还没有形成规范的通用设计程序。科研人员在海洋机器人相关研究开发中主要采用先验模型法和试错法，通过多次试验和改进才能达到预期设计目标。因此，研究经验就显得尤为重要。总结经验、利于来者是本丛书作者的共同愿望，他们都是在海洋机器人领域拥有长时间研究工作经历的专家，他们奉献的知识和经验成为本丛书的一个特色。

海洋机器人涉及的学科领域很宽，内容十分丰富，我国学者和工程师已经撰写了大量的著作，但是仍不能覆盖全部领域。"海洋机器人科学与技术丛书"集合了我国海洋机器人领域的有关研究团队，阐述我国在海洋机器人基础理论、工程技术和应用技术方面取得的最新研究成果，是对现有著作的系统补充。

"海洋机器人科学与技术丛书"内容主要涵盖基础理论研究、工程设计、产品开发和应用等，囊括多种类型的海洋机器人，如水面、水下、浮游以及用于深水、极地等特殊环境的各类机器人，涉及机械、液压、控制、导航、电气、动力、能源、流体动力学、声学工程、材料和部件等多学科，对于正在发展的新技术以及有关海洋机器人的伦理道德社会属性等内容也有专门阐述。

海洋是生命的摇篮、资源的宝库、风雨的温床、贸易的通道以及国防的屏障，海洋机器人是摇篮中的新生命、资源开发者、新领域开拓者、奥秘探索者和国门守卫者。为它"著书立传",让它为我们实现海洋强国梦的夙愿服务,意义重大。

本丛书全体作者奉献了他们的学识和经验,编委会成员为本丛书出版做了组织和审校工作,在此一并表示深深的谢意。

本丛书的作者承担着多项重大的科研任务和繁重的教学任务,精力和学识所限,书中难免会存在疏漏之处,敬请广大读者批评指正。

中国工程院院士 封锡盛

2018 年 6 月 28 日

丛书前言二

改革开放以来，我国海洋机器人事业发展迅速，在国家有关部门的支持下，一批标志性的平台诞生，取得了一系列具有世界级水平的科研成果，海洋机器人已经在海洋经济、海洋资源开发和利用、海洋科学研究和国家安全等方面发挥重要作用。众多科研机构和高等院校从不同层面及角度共同参与该领域，其研究成果推动了海洋机器人的健康、可持续发展。我们注意到一批相关企业正迅速成长，这意味着我国的海洋机器人产业正在形成，与此同时一批记载这些研究成果的中文著作诞生，呈现了一派繁荣景象。

在此背景下"海洋机器人科学与技术丛书"出版，共有数十分册，是目前本领域中规模最大的一套丛书。这套丛书是对现有海洋机器人著作的补充，基本覆盖海洋机器人科学、技术与应用工程的各个领域。

"海洋机器人科学与技术丛书"内容包括海洋机器人的科学原理、研究方法、系统技术、工程实践和应用技术，涵盖水面、水下、遥控、自主和混合等类型海洋机器人及由它们构成的复杂系统，反映了本领域的最新技术成果。中国科学院沈阳自动化研究所、哈尔滨工程大学、中国科学院声学研究所、中国科学院深海科学与工程研究所、浙江大学、华侨大学、东华理工大学等十余家科研机构和高等院校的教学与科研人员参加了丛书的撰写，他们理论水平高且科研经验丰富，还有一批有影响力的学者组成了编辑委员会负责书稿审校。相信丛书出版后将对本领域的教师、科研人员、工程师、管理人员、学生和爱好者有所裨益，为海洋机器人知识的传播和传承贡献一份力量。

本丛书得到 2018 年度国家出版基金的资助，丛书编辑委员会和全体作者对此表示衷心的感谢。

"海洋机器人科学与技术丛书"编辑委员会

2018 年 6 月 27 日

前　言

自主水下机器人(autonomous underwater vehicle，AUV)是一种无人、无缆、自带能源、在水下自主完成作业任务的智能机器人。历经数十年的发展，AUV 已逐步从实验室走向商业、军事和科学研究等众多应用领域，成为人类研究、开发和利用海洋的重要海洋工程装备之一。随着各种应用需求的日益增长，对 AUV 作业空间要求也越来越高：从已知地图、平坦海底区域向近岸、近海底的未知复杂地形海区扩展。

实际未知环境给 AUV 引入大量不确定性，其中对其危险最大的是未知障碍，例如海底突起的山脊、珊瑚礁、沉船、水雷、系泊平台、人工结构物，以及潜艇、大型海洋生物等，这些未知障碍都可能给 AUV 带来致命的伤害。如何规避实际海洋环境中的未知障碍是制约 AUV 广泛应用的关键问题之一。

实时避碰是利用避碰传感器提供的局部环境信息产生下一时刻机器人避碰行为的决策过程。它的前提是 AUV 在航行过程中具有感知和识别障碍的能力，核心是基于环境障碍、自身操纵性等多约束条件的在线行为决策和轨迹优化。前者属于环境建模问题，后者属于实时避碰规划问题。

全书内容共分七章。

第 1 章对比分析 AUV 常用的避碰传感器，并对避碰声呐数据融合方法、AUV 实时避碰方法进行综述。

第 2 章针对测距声呐数据的不确定性，建立测距声呐动态模型和基于占有栅格的环境模型，并基于 D-S 证据理论研究多个测距声呐数据、当前数据与历史数据的融合问题，以及在此基础上进行海底地形估计。

第 3 章首先对多波束图像声呐在实际应用中遇到的问题进行分析，其次分别从声呐图像处理所需的图像滤波、聚类分割、形态学处理、障碍物特征提取等方面开展研究，最后得到所需的障碍物信息。

第 4 章基于模糊理论及多变量模糊控制，提出 AUV 水平面和垂直面模糊避碰控制器的解耦设计，并基于有限自动机构建三维避碰过程模型，提出基于事件反馈的避碰监控器设计。

第 5 章从人工神经网络模型及其学习机理出发，研究基于反向传播算法的 AUV 实时避碰神经网络设计，并用水平面障碍、垂直面障碍、两个障碍、多个障碍等多个典型场景完成算法测试。

第 6 章针对 AUV 采取一系列实时避碰行为之后可能在障碍前不断重蹈覆辙或者进入陷阱区域而长时间无法避开障碍的问题，在实时路径规划层次，分别采用免疫遗传算法和改进蚁群算法研究基于在线地图的局部实时路径规划方法。

第 7 章建立 AUV 实时避碰系统的结构模型，并以此为基础提出 AUV 实时避碰能力综合评价体系，从障碍的含义、典型障碍场景设计等方面提出 AUV 实时避碰系统验证方法。

本书的研究工作得到了国家 863 计划"十二五"重大项目(项目编号：2011AA09A102)、辽宁省自然科学基金优秀人才培育项目(项目编号：2015020036)等项目的资助。中国科学院沈阳自动化研究所高雷副研究员撰写了第 3 章的主要内容，其余章节均为东北大学徐红丽教授撰写。同时，博士研究生董凌艳、硕士研究生陈巩、王雪参与了第 2、5、6 章部分研究工作；硕士研究生唐磊生、吴函、谭东旭、夏昕阳对书稿进行了整理。本书的写作和出版还得到科学出版社的大力支持和具体指导。在此一并表示衷心的感谢。

由于作者水平有限，书中难免存在不足之处，敬请广大读者批评指正。

徐红丽

2020 年 3 月

目　　录

1

绪　　论

1.1　引言

国际机器人联合会(International Federation of Robotics，IFR)将机器人定义为一种半自主或全自主工作的机器，它能完成有益于人类的工作。其中应用于水下环境的机器人称为水下机器人。水下机器人以操作者(人)与被操作对象(机器人水下载体)之间的相对位置可以分为三类：人位于机器人载体内部(属直接操作方式)称为载人潜水器(human operated vehicle，HOV)；人在机器人载体外部(如母船上)通过脐带缆操作则称为遥控水下机器人(remotely operated vehicle，ROV)；由载体内的计算机控制系统代替人自动/自主操作称为自主水下机器人(autonomous underwater vehicle，AUV)[1]。AUV是一种具有独立推进系统、传感器和自动驾驶单元，能够在极少干预或无人干预下自主完成采样、测量等任务的智能水下运载/作业平台。与HOV和ROV相比，AUV更适用于搭载探测传感器和采样工具进行大范围、远距离的探测与作业。

历经数十年的发展，AUV单体技术日趋成熟，市场上在售的中小型AUV能自主执行大部分探测类任务(即以搜集数据为主，不使用作业工具，不采集水样)。但是目前AUV产品的智能水平和适应复杂海洋环境的能力还非常有限；即使具备自主避碰能力，也多仅能应对障碍稀疏(探测范围内仅有一个障碍)的简单场景。未来随着各种应用需求的日益增长，对AUV复杂环境适应能力要求将越来越高：从已知地图、平坦海底区域向近岸、近海底的未知复杂地形海区扩展。实际未知环境给AUV引入大量不确定性，其中对其产生最大危险的是未知障碍。那些海底突起的山脊、珊瑚礁、沉船、水雷、系泊平台、人工结构物，以及潜艇、大型海洋生物都可能给AUV带来致命的伤害。如何规避实际海洋环境中的未知障碍是制约AUV广泛应用的关键问题之一。

机器人要实时躲避未知障碍，必须具备两种能力：一是感知和识别环境中障碍的能力，即环境建模——处理和融合探测传感器数据、提取和描述障碍物特征、更新环境地图；二是以实时环境中的障碍为约束进行避碰决策和规划的能力，即实时避碰规划——为避开未知障碍不断规划机器人运动行为的过程。两者紧密相连，环境建模是基础和前提，为实时避碰提供实时障碍物约束；实时避碰是核心，根据障碍物约束、系统当前状态，以优化的方式选择避开障碍物的行为。

实际未知环境中的环境建模与实时避碰是智能机器人面临的共性难题。目前，针对结构化、准结构化环境中的实时避碰技术已取得显著进展，一些智能移动机器人已具备在室内或道路环境中自主执行任务的能力。但是，AUV 与移动机器人、无人机等其他智能机器人相比，具有一定的特殊性。首先，AUV 的作业空间是一种典型的非结构化的三维动态空间，空间尺度可达几十公里乃至数百公里，空间中的障碍物有的是有规则外形的结构物，有的是不规则的复杂洋中脊地形，此外还存在海流、潮汐、内波、风暴潮等其他未知因素。其次，AUV 所携带的探测传感器受外界环境影响较大，传感器感知信息存在较大的不确定性。比如海水温度、盐度的变化将导致声速的不确定性，进而影响声呐探测距离等。另外，AUV 多属于欠驱动的载体，虽然其运动是三维空间的六自由度运动，但可控自由度通常只有三到四个(没有横滚角和侧移控制)，使得避碰行为执行的效果具有不确定性。AUV 通常也没有悬停能力，不能像移动机器人遇到危险障碍时可以紧急刹车、停下来看清楚后再决定向哪个方向前进，AUV 必须在航行过程中决策和执行避碰行为。由此，AUV 环境建模与实时避碰方法研究更具有创新性且面临非常大的挑战。

实时避碰是指 AUV 基于传感器信息在线判别前方是否有阻碍航行的障碍，若发现障碍则制订出规避障碍的行动方案。因而，实时避碰是 AUV 具有环境适应能力的一种具体体现，也是其在未知海洋环境中作业所必需的一种智能行为能力；它不仅关系到是否能顺利完成作业使命，而且直接关系到 AUV 自身安全。因此，无论是从实际应用前景还是从理论研究意义方面看，AUV 实时避碰方法都具有重要的研究价值。

实时避碰是利用环境传感器提供的局部环境信息产生下一时刻机器人期望行为的决策过程。它的前提是 AUV 在航行过程中具有感知和识别环境变化的能力，这取决于避碰传感器及其数据融合方法。它的核心是基于传感器信息的在线行为决策或轨迹规划，这取决于实时避碰规划方法。由此，一个完整的 AUV 实时避碰系统包括避碰传感器、传感器数据处理和实时避碰算法三个部分。避碰传感器是 AUV 感知环境变化的手段，数据处理用于从传感器数据中获得可靠的障碍信息，实时避碰算法是应用实时障碍信息实现躲避障碍、到达给定目标的方法。本章将从上述三个方面分别概述国内外发展现状。

1.2　AUV 避碰传感器

　　避碰传感器是 AUV 探测障碍的手段，是实现实时避障行为的前提和基础。在航行过程中 AUV 完全依赖避碰传感器提供的数据来确定是否出现阻碍其前行的障碍和障碍的基本信息。避碰传感器单位时间内所能提供的信息量将直接影响实时避碰的结构和方法。在 AUV 实时避碰过程中，避碰传感器起着举足轻重的作用。

　　声波是目前在海洋中唯一能够远距离传播的能量辐射形式，因此声呐是常用的 AUV 避碰传感器。按照功能可将声呐划分为测距声呐、机械扫描声呐和多波束成像声呐。早期测距声呐(有时把高度计用于测距)是 AUV 常用的避碰传感器。2010 年以后，随着成像声呐技术和产品的成熟和不断发展，机械扫描声呐和多波束图像声呐(可统称为成像声呐)更多地应用于 AUV 避碰系统之中。近年来，大多数 AUV 选用多波束图像声呐作为避碰传感器。

1.2.1　测距声呐

　　测距声呐通常是指主动发射单个波束、能够测量波束范围内最近障碍的相对距离的回声测距仪。如图 1.1 所示，测距声呐波束以换能器为中心，呈一定开角的圆锥状向外辐射，当遇到障碍时产生回波，通过计算接收回波的时间测算与障碍的距离[2]。因而，测距声呐只输出障碍距离信息。由于测量方向的单一性，测距声呐多成组使用，且以矢量布置在 AUV 艏部居多。例如，7 个开角为 10° 的测距声呐可覆盖 AUV 正前方向 −35° 至 35° 的范围；艏部布置 4 个、艉部布置 2 个可实现前后照应[3]。

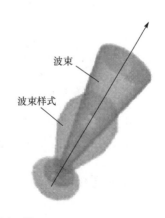

波束

波束样式

图 1.1　测距声呐工作原理[2]

测距声呐具有简单、经济、实用等优点。根据测距声呐输出的与最近障碍的距离信息可直接判断该方向上碰撞的危险度，而无须复杂的处理过程。因此，测距声呐在早期的 AUV 避碰中应用较多。但是，每个测距声呐只能获得一个固定方向上的障碍距离信息，要让 AUV 具有覆盖整个前进方向的视野，需要在空间布置多个测距声呐才能实现。而随着测距声呐个数的增加，所需的安装空间也增大。此外，测距声呐在实际海洋环境中虚警率较高，会导致 AUV 频繁误入避碰状态的问题。

1.2.2　机械扫描声呐

机械扫描声呐(图 1.2)采用机械旋转装置使得波束旋转起来，能完成整周 360°的扫描；将每次扫描所获得的信息拼接到一幅声呐图像上，则呈现出扫描平面上障碍的基本信息。Kongsberg Maritime EM 2000 和英国 Marine Electronics Ltd.生产的 Dolphin Model 6201 声呐即属于这类声呐。

通过对机械扫描声呐图像的融合处理，不仅可以获得障碍的距离信息，还可以提取出障碍方位和声呐波束内的障碍轮廓信息等。机械扫描声呐用于避碰的缺点是扫描一周的时间较长，使得 AUV 正前方向数据更新较慢，难以满足高速航行时实时判断 AUV 航行方向安全的需求。另外，如图 1.2(b)所示，声呐的工作原理使其"看"近处的、较小的障碍没有阴影，"看"远处的、较大的障碍可能有阴影，在接近海底或障碍时视距会变得非常小。

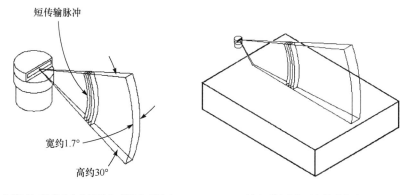

(a) 在机械扫描声呐中应用的典型风扇型波束　　　(b) 风扇型波束与平坦海底相交

图 1.2　机械扫描声呐工作原理[4]

1.2.3　多波束图像声呐

为了在距离和角度方向上均获得更高的分辨率，多波束成像技术不断发展，并在近些年逐渐发展成为小型化低功耗的多波束成像声呐产品。如图 1.3 所示，波束多个换能器之间相差较小的角度，通过触发多个换能器发射较窄的波束达到覆盖一定角度范围的目的。因而，多波束图像声呐可实时获得开角范围内回波强度的伪彩色处理的图像信息。据此，通过声呐图像处理算法可提取出障碍的位置、轮廓等信息。

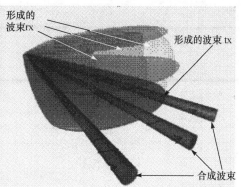

图 1.3　多波束图像声呐原理图[2]

与机械扫描声呐相比，多波束图像声呐的优点是显而易见的：多个波束同时测量使得实时性更好，并且不同波束对同一物体的回波处理也使得测量分辨率和准确性更高。当然，多波束声呐输出图像需要专门的采集和处理系统来实现实时障碍判别，但这在微处理器运算和存储能力日益强大的今天是没有问题的。多波束图像声呐已成为当今 AUV 避碰传感器的首选。

1.2.4　其他避碰传感器

除上述声学传感器外，一些研究者也尝试将其他原理的传感器用于水下机器人避碰，如红外传感器[5]、水下摄像机[6]、激光测距仪[7]、超声传感器[8]等。但由于这些传感器在水下的作用距离比较有限——例如，水下摄像机在良好水质中最大作用距离仅十几米，在浑浊水质中可视距离可能仅有 1～2m；超声传感器在水中作用距离是几英尺（1 英尺 = 0.3048 米）——常在室内水池试验中用于验证避碰方法，而无法在实际海洋中作为 AUV 避碰传感器应用。

1.2.5　小结

每种声呐都有自身的优势和局限。表 1.1 为测距声呐、机械扫描声呐和多波束图像声呐的典型货架产品的主要技术指标对比。从表中可以看出，声呐的最大探测距离主要由工作频率来决定，通常来说工作频率越高，最大探测距离越小。

因而在选择避碰传感器时，首先应根据水下机器人的巡航速度测算所需的最大探测距离，从而选定声呐的工作频率。

表 1.1　三类声呐避碰特性对比

参数名称	声呐类型		
	多波束图像声呐[9]	机械扫描声呐[10]	测距声呐[11]
典型产品	Blueview M450-130	Super SeaKing DST（高频）	ISA500 Altimeter
工作频率	450Hz	CHIRP 中心 625Hz	500Hz
探测距离	2～150m(最优)	0.4～100m	0.1～120m
视野范围	130°	360°(可调)	—
波束角度	1°×10°	0.45°、0.9°、1.8°、3.6°	6°(圆锥形的)
波束个数	768	1	1
波束间距	0.18°	—	—
距离分辨率	2.7cm	15mm	1mm

测距声呐和机械扫描声呐在距离分辨率指标方面具有优势，但是对于识别较大尺度的水中障碍物来说意义并不大。它们结构简单、尺寸较小，在 2010 年以前是 AUV 的主流避碰传感器。后来随着多波束图像声呐技术的成熟，并考虑到其低功耗、小型化的特点，目前越来越多的 AUV 采用多波束图像声呐作为避碰传感器。而基于声呐图像的障碍自主判别对 AUV 的处理速度和存储能力提出了较高要求，通常采用单独的图像处理单元来实现。

无论是哪一类声呐，受水声特性和海洋环境影响，其输出数据均具有较大的不确定性，均需一定的数据融合方法从原始传感器数据中提取出准确、可靠的障碍信息。

1.3　避碰声呐数据融合方法

1.3.1　测距声呐数据融合方法

测距声呐是一种低分辨率的避碰声呐，只输出与障碍的相对距离信息，因此，测距声呐常成组、空间分布使用。用于多个测距声呐的数据融合方法致力于将各个方向的障碍距离信息加以综合，从而降低单个测距声呐的不确定性。

测距声呐与移动机器人常用的超声测距仪类似，都属于在一定角度范围内测量与物体相对距离的测距传感器。所测得的距离属于一维信息，要借助传感器模型投影到环境空间才能进行不同时刻、不同传感器数据的融合，通常所采用的融合方法有贝叶斯估计、D-S 证据理论(Dempster-Shafer evidence theory)和模糊联合。

贝叶斯估计以贝叶斯公式 $P(B\,|\,A)=P(A\,|\,B)P(B)\,/\,P(A)$ 为基本原理计算环境空间任意栅格被占用的概率。Elfes 等对基于贝叶斯估计的数据融合方法在移动机器人上的应用进行了深入研究，先后提出了基于占有栅格和二维高斯传感器模型的移动机器人感知和导航系统[12]，基于广角声呐的高分辨率地图构建方法[13]，集成和融合感知、环境约束和概率理论的方法[14]等。廖小翔等[15]、Pagac 等[16]验证了概率分布传感器模型和贝叶斯估计方法的有效性。贝叶斯估计方法能获得栅格占有状态的概率估计，但需要先验的概率传感器模型知识。

D-S 证据理论是由 Dempster 和 Shafer 提出的一种不确定性推理方法，它以可信度函数作为度量，采用 Dempster 组合规则对同一栅格的不同证据进行融合。Murphy[17]研究了证据冲突和扩展信任区域问题，并用 6 次试验验证了该方法在自主移动机器人传感器融合中的有效性。孟伟等[18]引入互信因子表示不同证据之间的相互支持程度，提高了决策的可靠性。

模糊联合数据融合方法用模糊隶属度函数表示栅格的状态，用各种模糊算子进行模糊融合。典型的模糊算子有通用 Dombi 算子、通用 Yager 算子、通用 Sugeno 算子、通用 Dubois 算子等。模糊隶属度表示能体现不同信息之间的冗余度和互补性，但在特定条件下有些模糊算子不能成功产生环境地图[19]。

从总体上说，与贝叶斯估计和模糊联合相比，D-S 证据理论具有在不同层次上对证据进行融合、能区分信息的不确定和不知道等优点，能更准确地从原始数据中提取出障碍信息并满足实时建立环境地图的需求。但是，目前基于 D-S 证据理论的数据融合方法研究多是建立在传感器采样周期短或多个传感器存在重叠探测区域的基础上，不完全适用于测距声呐的特殊情况。测距声呐为减小安装空间和能源消耗，通常多个换能器共享一套发射/回收装置，每个采样周期只能获得一个方向的更新数据，单个方向的采样周期通常在 1s 以上。另外，多个换能器呈矢量布置，各方向之间也不存在重叠区域。因此，针对测距声呐的特殊性进一步深入开展基于 D-S 证据理论的数据融合方法研究具有十分重要的意义。

1.3.2　图像声呐数据融合方法

相对于测距声呐，前视声呐无论是在距离还是在角度方向上均具有较高的分辨率；用于前视声呐和 AUV 导航传感器的数据融合方法不仅可以消除不同时刻前视声呐数据可能存在的矛盾，而且可以初步估计障碍的位置、大小和运动速度，建立二维局部环境地图。

典型的多波束前视声呐数据实时处理系统[20]由分割、特征提取、跟踪和环境表示 4 个模块组成。分割的目的是确定感兴趣的障碍区域，由基于中值滤波的第一层分割和基于卡尔曼和高斯滤波的第二层分割两部分组成。特征提取主要是提取分割后的图像的位置，物体所占像素的范围和周长。跟踪模块采用卡尔曼滤波器和最邻近法实现两个主要功能：一是减少分割模块的计算量，二是为路径规划抽取物体的动力学特征。最后，建立构造实体几何（constructive solid geometry，CSG）环境表示，为后续路径规划提供机器人周围的局部地图。

另一种研究思路是基于卡尔曼滤波理论设计避碰估计/预测模块[21]，不仅能够预测碰撞的可能性和危险性，而且能检查将要采用和已经实施的避碰策略的有效性。文献[22]还提出了一种前视声呐数据特征提取和图像处理方法，并用 Redermor AUV 进行避碰试验，证明了所提方法的有效性。

也有一些学者在研究成果中引入了经典多移动目标追踪方法，如基于多假设追踪的水下环境建模方法、把 Track-Before-Detect 移动目标追踪方法引入扫描声呐图像序列处理的方法[23]；这些方法不仅不要求环境中有明显特征，而且不需要事先知晓环境模型，处理速度也基本能满足 AUV 的需要。Fang 等[24]应用自调节模糊控制器研究了时变海洋环境下的 AUV 避碰问题，把前视声呐图像分为 7 个区域，并按照每个方向与障碍的距离划分为"非常安全""安全""危险"和"非常危险" 4 个模糊值，并基于模糊关系 BK（Burkhard-Keller）三角形子积来评价候选路径的安全性。

近年来，成像声呐数据融合方法在实时避碰中的应用逐渐增多，相关算法也日趋成熟。对于大部分简单场景，从声呐图像中提取出障碍信息、判断机器人前进方向危险度是可行的。

1.3.3　小结

无论是测距声呐还是近年来应用较多的图像声呐，由于其都是基于声学的原理，因而在实际应用中受水下环境的影响非常大，都会出现较多未知的干扰和不确定性。再加之声呐测量本身精度和分辨率的局限，因而声呐数据处理方法尽管已有较多研究成果，但是在基于声呐数据/图像的水下避碰危险估计和障碍特征提取方面仍有一些亟待解决的问题。

1.4　实时避碰方法

近年来，实时避碰方法一直是自主机器人领域的研究热点之一，已有较多的研究成果。按照不同标准，实时避碰方法有不同分类。根据 AUV 对环境的理解程度，实时避碰方法可以分为基于环境模型的避碰方法、基于传感器信息的避碰方法和基于行为的避碰方法。根据算法的机理，典型的实时避碰方法有：人工势场法、人工智能方法、强化学习方法和优化搜索方法等。其中人工势场法和人工智能方法多用于基于传感器信息的避碰行为规划，强化学习方法多用于避碰行为和其他行为的协调统一，优化搜索方法多用于基于环境模型的优选避碰轨迹规划。

1.4.1　人工势场法

人工势场法最早由 Khatib[25]于 1986 年提出，其基本原理是将目标点看成吸引点，将障碍物看成排斥点集合，机器人沿着引力和斥力的合力方向前进。

针对传统势场算法中存在零合力和 U 形障碍的局部极小问题，文献[26]提出了改进型虚拟势场局部规划算法；但仿真验证中将仿真环境设定为 30cm×30cm 的二维平面，将 AUV 抽象为半径 0.7cm、速度 1cm/s 的圆，以及将前视声呐探测范围设定为 5cm——这些都与 AUV 实体和 AUV 实际工作环境相差甚远。

文献[27]、[28]利用相对速度的极坐标，建立由水平面速度势场和垂直面速度势场合成的三维速度势场，实现了对移动障碍物的局部避碰。文献[29]采用盲人策略、文献[30]采用全局路径规划和局部避碰规划相结合的策略对人工势场法进行了改进，在一定程度上避免了陷入极小值而徘徊不前的现象。文献[31]从避免机器人检测到新障碍时控制量的跳变的角度，提出了取代常用正弦势场函数与 AUV 当前航向相关的线性势场函数。文献[32]基于势场函数和行为规则提出了多 AUV 系统避碰算法。

人工势场法的优点是实时性好、结构简单、易于实现。缺点是存在陷阱区域，在相近障碍物之间和贴近障碍物时难以发现可行路径。另外，传统人工势场法在解决动态障碍物的局部避碰问题时效果也不理想，会导致 AUV 无效运动。许多学者已针对人工势场法的缺点提出了改进措施，但人工势场法在 AUV 实时避碰中应用的真正难题是：如何准确获得障碍的位置信息和确定斥力场的大小。在目前缺乏可靠的感知设备和有效的在线识别方法的情况下，人工势场法在 AUV 实时避碰系统中的实际应用受到较大限制。

1.4.2　人工智能方法

实际应用中，AUV 的运动是在复杂、动态海洋环境中的三维非线性运动，海洋环境对 AUV 的作用力难以用数学模型描述，因此无须建立交互模型的人工智能方法在 AUV 实时避碰系统中具有一定的应用优势，其中较常用的有模糊控制方法、神经网络方法和专家系统方法。

1. 模糊控制方法

模糊控制方法是一种在模糊集合论、模糊语言变量及模糊逻辑推理基础上形成的计算机数字控制方法。基于模糊控制的实时避碰方法，通过对驾驶员工作过程观察研究得出模糊行为和避碰规则。文献[32]～[34]基于模糊控制分别设计了水平面和垂直面模糊规划器。文献[35]将船舶碰撞危险度的概念引入移动机器人避碰规划，并结合模糊逻辑方法实现了机器人的水平面避碰。文献[36]采用模糊瞬时推理方法实时估计障碍物位置，实现了 AUV 在复杂环境的实时避碰。文献[37]把底层模糊避碰行为融入包容体系结构，研究了化学羽流跟踪过程中的实时避碰。

基于模糊控制的避碰规划方法通常将机器人前方划分为左前、右前、左侧和右侧 4 个区域[38]，在每个区域中根据环境的栅格值来确定 AUV 周围障碍物距离信息，并将距离信息划分成 N 个等级、航向角变化量划分成 M 个等级，分别作为模糊控制器的输入和输出，建立了模糊避碰控制器；在声呐数据不同有效概率下的避碰效果表明，该方法在声呐有效概率不是太低的情况下，具有较好的有效性。

模糊实时避碰方法的局限性表现在难以适应海流环境，难以获得完备的模糊规则等方面，一些研究人员对此提出了改进措施。如文献[39]、[40]针对海流环境中基于模糊规则的 AUV 实时避碰规划方法提出了改进措施；文献[41]采用模糊逻辑控制器实现了自主机器人在静态和动态障碍环境中的无碰导航。由于依赖专家经验难以确定完善的模糊规则，文献[42]采用改进遗传算法、文献[43]采用强化学习方法对模糊规则和隶属函数进行优化或学习，增强了 AUV 的适应能力。

模糊控制方法对避碰传感器没有特定要求，可基于障碍的相对距离信息、也可基于障碍的方位信息进行决策。模糊控制方法还具有计算量小、实时性好等优点，在工程实践中有较广泛的应用。但现有研究成果多集中于单个平面模糊实时避碰控制器的设计，未能实现稳定的三维实时避碰过程。

2. 神经网络方法

基于神经网络的实时避碰方法把实时避碰看作是感知空间到行为空间的一种映射，利用神经网络强大的并行处理能力、自适应能力和学习能力，建立起模拟这种映射关系的神经网络模型。它将传感器数据作为神经网络的输入，实时避碰行为作为神经网络输出，采用多个选定位姿下的样本集或典型障碍环境下的仿真实验进行训练，最终得到合适的神经网络参数。

文献[44]采用神经网络调节器根据扰动的大小调整模糊控制器的输出，使得实际运动状态和参考模型输出的期望状态保持一致。文献[45]基于神经网络学习技术实现了 AUV 对各类静态障碍物和移动障碍物的实时避碰。神经网络的输入是前视声呐的输出，输出是 AUV 舵角和主推功率。

神经网络方法面临的主要难题是如何获得典型样本集或建立典型障碍环境，

网络参数的训练过程比较漫长且无法控制。

3. 专家系统方法

基于专家系统的避碰任务是使 AUV 尽可能模拟人类躲避障碍过程中的决策和行为。

文献[46]以障碍在声呐视区中的相对方位为主要依据建立了 7 条推理规则，构造了 AUV 未知静态环境下的三维实时路径规划专家系统。文献[47]建立了基于规则法的 AUV 专家系统，该系统参照水面船舶自动避碰系统的研究方法，在总结国际避碰规则、专家有关知识的基础上，建立了水下避碰规则库。文献[48]建立的专家系统结合网络信息、前视声呐信息和当前任务信息，根据专家知识进行推理，决策结果包括速度、深度、航向控制指令等；该专家系统的优点是结合了航行任务信息，可以使 AUV 在完成避障后继续执行当前任务。

基于专家系统的实时避碰方法具有简单、实时性好等优点；但是海洋环境千变万化，要建立具有广泛适用性、具有完备知识库和推理规则的专家系统非常困难。

1.4.3　强化学习方法

模拟人类适应环境的学习过程，将传统强化学习方法引入实时避碰系统能够使 AUV 与环境不断地交互，从而获得知识、改善自身行为。基于强化学习方法的实时避碰系统有两个特点：一是针对环境变化"主动"做出试探行为；二是从环境对试探行为产生的反馈信号总结经验，在不断的行动-评价过程中获得知识，从而改进行动方案、适应未知环境。

文献[49]提出了连续状态空间下时序差分强化学习算法，并用实时路径规划仿真结果表明该方法在运行性能和收敛速度两方面都优于其他离散动作的 Q 学习。文献[50]～[52]采用基于马尔可夫决策过程的 Q 学习算法实现了欠驱动水下机器人在未知、不均匀海流环境下的实时运动规划和控制。文献[53]采用随机实值强化学习算法实现了实时避碰过程的连续控制。文献[54]采用势场法确定外部强化值、采用三层神经网络来实现避碰动作学习，使 Q 学习算法的学习速度明显提高，且平均路径长度远远大于标准的 Q 学习算法。

基于强化学习的实时避碰方法的难点是如何建立合适的强化函数、如何实现有效的学习过程；尤其是在避碰声呐作用距离较近或作用范围较小时，根据有限的、局部的环境信息很难判断出所采取避碰行为的优劣。

1.4.4　优化搜索方法

优化搜索方法可分为确定性方法和随机性方法，进化算法和梯度下降法分别是两种方法的典型代表。优化搜索方法用于解决实时避碰问题有两种方案：一是以获得下一步最优行为为目标，在局部环境地图中搜索从感知空间到行为空间的一种最佳映射[55]；二是由传感器信息提取障碍物特征、估计障碍物运动参数，然后采用优化搜索算法进行局部实时路径规划，再由新路径生成实时避碰所需的行为指令[56, 57]。

1. 进化算法

进化算法利用生物进化理论，把路径规划问题表达成在环境空间中搜索一条无碰优化曲线的问题，通过自然选择过程，得到满足一定目标函数的最优路径。遗传算法是其中典型代表之一[58]。

传统遗传算法具有早熟收敛和收敛速度慢的难题。早熟收敛导致产生局部最优值，而收敛速度慢是影响遗传算法在实时性要求比较高的环境中应用的一个瓶颈。采用 DNA 编码可有效提高遗传路径规划算法的有效性和收敛速度[59]。运用多目标遗传算法对动态人工势场模型进行寻优，可在多障碍物、多机器人复杂环境下的实时避碰中取得良好效果[60]；并采用稳态繁殖方法加快寻优速度。

将二维编码转化为一维编码，把路边约束、动态避障和最短路径要求融合成一个适应度函数[61]，可使移动机器人实时动态避障路径规划问题得到简化。采用二进制固定长度编码[62]，也能有效提高遗传算法的实时性能和适应性；使在线规划和离线规划相互结合，也能将轨迹规划和路径规划融为一体。

2. 梯度下降法

文献[63]~[65]采用二值化、腐蚀和膨胀等处理方法将前视声呐图像实时转化为二维栅格地图，采用距离值传递法在地图中搜索优选的避碰路径，并仿真验证了该方法在单个 AUV 实时避碰和多个 AUV 协调避碰中的有效性。

Hyland[66]把三维空间划分成 50 英尺×50 英尺×10 英尺的柱状栅格，从目标点所在栅格的 8 个相邻栅格，即第 1 层开始，依次检查、赋值相邻栅格直到包含机器人所在栅格，即第 N 层，然后按照总代价最小的选择准则用改进的动态编程算法实时搜索 AUV 的最优路径。

优化搜索方法的优势是能使 AUV 从陷阱区域逃脱、获得最优或次优的避碰轨迹。但采用优化搜索方法的前提是建立并更新在线地图，因此通常需要配置能够获得障碍位置信息的避碰传感器。

1.4.5 其他方法

由于使命需求和载体特性的巨大差异，自主水下机器人实时避碰方法常结合实际情况而有不同侧重。

针对 AUV 垂直面实时避碰问题，Healey[67]提出了海底地形实时跟踪策略：采用二维前视声呐获得的机器人前方栅格的状态计算高度方向上的危险程度，并转化为附加的高度控制期望值，采用基于滑模控制的深/高度控制器快速跟踪控制期望值的变化。Chuhran[68]、Hemminger[69]和 Fodrea[70]作为 Healey 的学生，对他提出的垂直面避碰策略在 REMUS AUV 上实际应用问题进行了深入研究，并提出前馈控制和滑模控制相结合的方法，提高了原有方法的鲁棒性和适应性。另外，Creuze 等[71]研究了基于前上、正前、前下三个声呐实现 AUV 识别和跨越海底悬崖的问题，Horner 等[72]总结了 ARIES AUV 垂直面实时避碰试验的情况，试验中AUV 通过改变高度跨越了 6m 高、15m 宽的障碍。Pebody[73]针对 AUV 在极地冰下的避碰问题提出了最小高度概念，通过保持最小高度达到跟踪海底地形变化的目的。

针对未知、移动障碍环境中的实时避碰问题，大部分研究成果是关于机器人移动的。下面列出一些关于障碍物移动的研究成果。例如：Fujimori 等[74]把多机器人协调避碰技术引入单个机器人对多个移动障碍物的实时避碰，并用仿真实验证明了有效性。Jang 等[75]提出了基于阻抗力控制机器人和移动障碍物相对距离的实时避碰方法。关于 AUV 面对未知、移动障碍物的实时避碰问题，Smith 等[76]提出了基于几何约束推理的 AUV 运动规划方法，Zhang 等[77]提出了多传感器融合方法，Khanmohammadi 等[78]提出了鲁棒模糊控制方法。

此外还有一些有代表性的研究成果，如采用运动规划策略[79]、在线航迹规划策略[80, 81]或引入样条理论设计冗余控制器[82]来解决 AUV 实时避碰问题；采用可变性虚拟区域描述 AUV 和海洋环境的交互作用，并针对管线检查和未知地形跟踪两个典型实例进行仿真验证[83]等。

文献[84]提出运动平衡点的概念，将目标、障碍物和运动控制性能集为一体；并提出避碰规划应根据运动控制器的控制性能来设计，将全局规划和实时避碰两者优化组合可避免避碰行为的盲目性。文献[85]用构造实体几何建立障碍和机器人的模型，用非线性编程的不等式约束表示机器人的自由工作空间。

1.4.6　小结

各种实时避碰方法均有各自的优势和劣势，有些方法还对传感器和控制系统性能提出特殊要求。针对未知复杂环境下的 AUV 实时避碰问题，没有统一或完美无缺的解决方案。

但是必须注意到，基于现有方法的 AUV 实时避碰系统仅实现了 AUV 单个平面(水平面或垂直面)的避碰过程，而尚未涉及考虑到 AUV 是在三维空间运动的载体的情况。实际上，三维空间为 AUV 实时避碰增添了新的避碰行为，同时也增加了问题的复杂性。如何突破现有避碰方法的局限性、实现三维避碰能力，是未来 AUV 实时避碰方法研究追求的目标。

参 考 文 献

[1] 封锡盛, 李一平, 徐红丽. 下一代海洋机器人——写在人类创造下潜深度世界记录 10912 米 50 周年之际[J]. 机器人, 2011,33（1）: 113-118.

[2] Jones E G, Fairfield N. Sensor selection and behavior strategies for obstacle avoidance in small-diameter AUVs[C]. 13th International Symposium on Unmanned Untethered Submersible Technology, Durham, New Hampshire USA, 2003: 1-13.

[3] 张汝波, 张国印, 顾国昌. 基于势场法的水下机器人局部路径规划研究[J]. 应用科技, 1994, 79（4）: 28-34.

[4] Imagenex Technology Corp. Sonar theory and applications [EB/OL]. [2020-03-20]. https:// imagenex.com/.

[5] 桑海泉, 王硕, 谭民, 等. 基于红外传感器的仿生机器鱼自主避障控制[J]. 系统仿真学报, 2005, 17（6）: 1400-1404.

[6] 陈尔奎, 喻俊志, 王硕, 等. 一种基于视觉的仿生机器鱼实时避障综合方法[J]. 控制与决策, 2004, 19（4）: 452-455.

[7] Kondo H, Maki T, Ura T, et al. Relative navigation of an AUV using a light-section reanging system[C]. 2004 8th International Conference on Control, Automation, Robotics and Vision, Kunming, China, 2004: 425-430.

[8] Ashraf M, Lucas J. Underwater object recognition technique using ultrasonics[C]. OCEANS, 1994: 170-175.

[9] Teledyne Marine. BlueView M450 Series [EB/OL]. [2020-03-20]. http://www.teledynemarine. com/M450-Series?ProductLineID=1.

[10] Tritech International Limited. Super SeaKing DST [EB/OL]. [2020-03-20]. https://www. tritech.co.uk/product/super-seaking-dst-v7.

[11] Impact Subsea Isa500 [EB/OL]. [2020-03-20]. http://www.impactsubsea.co.uk/isa500.

[12] Elfes A. Using occupancy grids for mobile robot perception and navigation[J]. IEEE Computer, 1989, 22（6）: 46-57.

[13] Matthies L, Elfes A. Integration of sonar and stereo range data using a grid-based representation[C]. IEEE International Conference on Robotics and Automation, 1988: 727-733.

[14] Elfes A. Robot navigation: integrating perception, environmental constraints and task execution within a probabilistic framework[C]. Proceedings of the International Workshop on Reasoning with Uncertainty in Robotics, 1995: 93-129.

[15] 廖小翔, 胡旭东, 武传宇. 基于高斯概率分布场的 VFH 避障方法研究[J]. 机械设计与研究, 2005, 21（1）: 31-34.

[16] Pagac D, Nebot E M, Durrant W H. An evidential approach to map-building for autonomous vehicles[J]. IEEE Transactions on Robotics and Automation, 1998, 14（4）: 623-629.

[17] Murphy R R. Dempster-Shafer theory for sensor fusion in autonomous mobile robots[J]. IEEE Transactions on Robotics and Automation, 1998, 14（2）: 197-206.

[18]　孟伟, 洪炳镕, 韩学东. 基于 D-S 证据理论的月球探测机器人的信息融合[J]. 哈尔滨工业大学学报, 2003, 35（9）: 1040-1042.

[19]　Karamana O, Temeltas H. Comparison of different grid based techniques for real-time map building[C]. IEEE International Conference on Industrial Technology, 2004: 863-868.

[20]　Petillot Y, Ruiz I T, Lane D M. Underwater vehicle obstacle avoidance and path planning using a multi-beam forward looking sonar[J]. IEEE Journal of Oceanic Engineering, 2001, 26（2）: 240-251.

[21]　Conte G, Zanoli G. A sonar based obstacle avoidance system for AUVs[C]. Proceedings of the 1994 Symposium on Autonomous Underwater Vehicle Technology, 1994: 85-91.

[22]　Quidu I, Hetet A, Dupas Y, et al. AUV（Redermor）obstacle detection and avoidance experimental evaluation[C]. OCEANS, 2007: 1-6.

[23]　Guo J, Cheng S W, Liu T C. AUV obstacle avoidance and navigation using image sequences of a sector scanning sonar[C]. Proceedings of the 1998 International Symposium on Underwater Technology, 1998: 223-227.

[24]　Fang M C, Wang S M, Chen W M, et al. Applying the self-tuning fuzzy control with the image detection technique on the obstacle avoidance for autonomous underwater vehicles[J]. Ocean Engineering, 2015, 93（14）: 11-24.

[25]　Khatib O. Real-time obstacle avoidance for manipulators and mobile robots[J]. The International Journal of Robotics Research, 1986, 5（1）: 90-98.

[26]　焦鹏, 王宏健, 丁福光. 基于虚拟势场理论的 AUV 局部路径规划方法[J]. 中国造船, 2007, 48（1）: 76-81.

[27]　洪晔, 边信黔. 基于三维速度势场的 AUV 局部避碰研究[J]. 机器人, 2007, 29（1）: 88-91.

[28]　洪晔, 边信黔. 基于传感器信息的水下机器人动态避障研究[J]. 传感器与微系统, 2007, 26（1）: 24-27.

[29]　Lopes E P, Aude E P L, Silveira J T C, et al. Application of a blind person strategy for obstacle avoidance with the use of potential fields[C]. IEEE International Conference on Robotics and Automation, 2001: 2911-2916.

[30]　张汝波, 熊列彬. 基于势场法的路径规划[J]. 现代科技译丛, 1996, 94（2）: 24-29.

[31]　Williams G N, Lagace G E, Woodfin A J. A collision avoidance controller for autonomous underwater vehicles[C]. Proceedings of the Symposium on Autonomous Underwater Vehicle Technology, 1990: 206-212.

[32]　Jia Q L, Li G W. Formation control and obstacle avoidance algorithm of multiple autonomous underwater vehicles （AUVs） based on potential function and behavior rules[C]. IEEE International Conference on Automation and Logistics, 2007: 569-573.

[33]　崔荣鑫, 徐德民, 沈猛. 一种自主水下航行器避障控制策略[C]. Proceedings of the 6th World Congress on Intelligent Control and Automation, 2006: 9149-9153.

[34]　高剑, 徐德民, 严卫生. 一种自治水下机器人垂直面路径规划算法[J]. 系统仿真学报, 2005, 17（4）: 806-808.

[35]　谢敬. 自主移动机器人局部路径规划方法的研究[D]. 西安: 西安理工大学, 2003: 16-32.

[36]　Anvar A M. Intelligent navigation process for autonomous underwater vehicles （AUVs） using time-based fuzzy temporal reasoning[C]. Proceedings of the 10th International Symposium on Temporal Representation and Reasoning and Fourth International Conference on Temporal Logic, 2003: 56-61.

[37]　Li W, Zhang J W. Moth-inspired chemical plume tracing by integration of fuzzy following-obstacle behavior[C]. IEEE International Conference on Fuzzy Systems, 2008: 2250-2255.

[38] 张汝波, 顾国昌, 张国印. 基于局部模型的水下机器人避碰方法研究[J]. 哈尔滨工程大学学报, 1998, 19(5): 49-54.

[39] 穆煜. 海流环境下基于模糊理论的水下机器人区域搜索[D]. 哈尔滨: 哈尔滨工程大学, 2005: 10-74.

[40] 鲁燕. 海流环境中水下机器人实时运动规划方法研究[D]. 哈尔滨: 哈尔滨工程大学, 2006: 1-77.

[41] Sasiadek J Z, Wang Q. Autonomous vehicle navigation in 3D environment[C]. Proceedings of the First Workshop on Robot Motion and Control, 1999: 247-256.

[42] 杨敬辉, 洪炳镕, 朴松昊. 基于遗传模糊算法的机器人局部避障规划[J]. 哈尔滨工业大学学报, 2004, 36(7): 946-948.

[43] 姜沛然. 基于模糊理论和强化学习的自主式水下机器人运动规划技术[D]. 哈尔滨: 哈尔滨工程大学, 2005: 1-81.

[44] Liu X M, Peng L, Li J, et al. Obstacle avoidance using fuzzy neural networks[C]. Proceedings of the 1998 International Symposium on Underwater Technology, 1998: 282-286.

[45] DeMuth G, Springsteen S. Obstacle avoidance using neural networks[C]. Proceedings of the Symposium on Autonomous Underwater Vehicle Technology, 1990: 213-215.

[46] 褚刚秀, 边信黔, 汪伟. AUV 在未知环境下的基于专家系统三维实时路径规划[J]. 应用科技, 2003, 30(10): 46-48.

[47] 洪晔, 边信黔. 基于规则法的水下避碰专家系统[J]. 哈尔滨工程大学学报, 2007, 28(3): 292-296.

[48] 邹海, 边信黔, 常宗虎. 基于多波束前视声呐的 AUV 实时避障方法研究[J]. 机器人, 2007, 29(1): 82-87.

[49] 徐莉. Q-learning 研究及其在 AUV 局部路径规划中的应用[D]. 哈尔滨: 哈尔滨工程大学, 2004: 10-66.

[50] Kawano H. Method for applying reinforcement learning to motion planning and control of under-actuated underwater vehicle in unknown non-uniform sea flow[C]. IEEE/RSJ International Conference on Intelligent Robots and Systems, 2005: 996-1002.

[51] Kawano K, Ura T. Motion planning algorithm for non-holonomic autonomous underwater vehicle in disturbance using reinforcement learning and teaching method[C]. IEEE International Conference on Robotics and Automation, 2002: 4032-4038.

[52] Kawano H, Ura T. Fast reinforcement learning algorithm for motion planning of non-holonomic autonomous underwater vehicle in disturbance[C]. IEEE/RSJ International Conference on Intelligent Robots and Systems, 2002: 903-908.

[53] Sayyaadi H, Ura T, Fujii T. Collision avoidance controller for AUV systems using stochastic real value reinforcement learning method[C]. Proceedings of the 39th SICE Annual Conference, Iizuca, 2000: 165-170.

[54] 张汝波. 强化学习理论及应用[M]. 哈尔滨: 哈尔滨工程大学出版社, 2001: 223-252.

[55] 张汝波, 周宁, 孙彩萍, 等. 基于遗传算法的水下智能机器人避碰行为学习[J]. 哈尔滨工程大学学报, 1999, 20(2): 41-46.

[56] Chang Z H, Tang Z D, Cai H G, et al. GA path planning for AUV to avoid moving obstacles based on forward looking sonar[C]. Proceedings of the 4th International Conference on Machine Learning and Cybernetics, Guangzhou, China, 2005: 1498-1502.

[57]　吴楚成, 边信黔. 一种基于遗传算法的 AUV 动目标避碰规划的方法[J]. 应用科技, 2005, 32(5): 43-45.

[58]　Balicki J. Genetic programming for finding trajectories of underwater vehicle[C]. Proceedings of the Third International Workshop on Robot Motion and Control, 2002: 217-222.

[59]　杨大地, 张雷. 基于分子优化算法的机器人避障规划[J]. 重庆大学学报 (自然科学版), 2007, 30(1): 102-105.

[60]　闵华清, 毕盛, 陈亚鹏. 基于多目标遗传算法的机器人避障研究[J]. 哈尔滨工业大学学报, 2005, 37(7): 914-918.

[61]　李庆中, 顾伟康, 叶秀清. 基于遗传算法的移动机器人动态避障路径规划方法[J]. 模式识别与人工智能, 2002, 15(2): 161-166.

[62]　Sugihara K, Yuh J. GA-based motion planning for underwater robotic vehicles[C]. Proceedings of 10th International Symposium on Unmanned Untethered Submersible Technology, Durham, NH, USA, 1997: 406-145.

[63]　李晔, 常文田, 张铁栋, 等. 基于声学图像处理的水下机器人局部路径规划[J]. 哈尔滨工程大学学报, 2006, 27(3): 357-361.

[64]　李晔, 庞永杰, 张铁栋, 等. 一种基于图像声呐的 AUV 局部路径规划方法[J]. 机器人, 2004, 26(5): 391-394.

[65]　李晔. 多水下机器人实时避碰规划研究[D]. 哈尔滨: 哈尔滨工程大学, 2004: 15-75.

[66]　Hyland J C. Optimal obstacle avoidance path planning for autonomous underwater vehicles[C]. Proceedings of the 6th International Symposium on Unmanned Untethered Submersible Technology, 1989: 266-278.

[67]　Healey A J. Obstacle avoidance while bottom following for the REMUS autonomous underwater vehicle[C]. Proceedings of the IFAC-IAV 2004 Conference, Lisbon, Portugal, 2004: 1-6.

[68]　Chuhran C D. Obstacle avoidance control for the REMUS autonomous underwater vehicle[D]. Monterey: Naval Postgraduate School, 2003.

[69]　Hemminger D L. Vertical plane obstacle avoidance and control of the REMUS autonomous underwater vehicle using forward look sonar[D]. Monterey: Naval Postgraduate School, 2005.

[70]　Fodrea L R. Obstacle avoidance control for the REMUS autonomous underwater vehicle[D]. Monterey: Naval Postgraduate School, 2002.

[71]　Creuze V, Jouvencel B. Avoidance of underwater cliffs for autonomous underwater vehicles[C]. IEEE/RSJ International Conference on Intelligent Robots and Systems, 2002: 793-798.

[72]　Horner D P, Healey A J, Kragelund S P. AUV experiments in obstacle avoidance[C]. MTS/IEEE OCEANS Conference, 2005: 1-7.

[73]　Pebody M. Autonomous underwater vehicle collision avoidance for under-ice exploration[J]. Engineering for the Maritime Environment, 2007, 277(1): 53-66.

[74]　Fujimori A, Tani S. A navigation of mobile robots with collision avoidance for moving obstacles[C]. IEEE International Conference on Industrial Technology, 2002: 1-6.

[75]　Jang E S, Jung S, Hsia T C. Collision avoidance of a mobile robot for moving obstacles based on impedance force control algorithm[C]. IEEE/RSJ International Conference on Intelligent Robots and Systems, 2005: 382-387.

[76]　Smith T C, Evans R, Tychonievich L, Mantegna J. AUV control using geometric constraint- based reasoning[C]. Proceedings of the (1990) Symposium on Autonomous Underwater Vehicle Technology, 1990: 150-155.

[77] Zhang R B, Gu G C, Zhang G Y. AUV obstacle-avoidance based on information fusion of multi-sensors[C]. IEEE International Conference Intelligent Processing Systems, Bejing, China, 1997: 1381-1384.

[78] Khanmohammadi S, Alizadeh G, Poormahmood M. Design of a fuzzy controller for underwater vehicles to avoid moving obstacles[C]. IEEE International Fuzzy Systems Conference, 2007: 1-6.

[79] Kawano H. Real-time obstacle avoidance for underactuated autonomous underwater vehicles in unkown vortex sea flow by the MDP approach[C]. IEEE/RSJ International Conference Intelligent Robots and Systems, 2006: 3024-3031.

[80] Yuan H, Yang J. An optimal real-time motion planner for vehicles with a minimum turning radius[C]. Proceedings of the 6th World Congress on Intelligent Control and Automation, 2006: 397-402.

[81] Moitie R, Seube N. Guidance algorithms for UUVs obstacle avoidance systems[C]. MTS/IEEE OCEANS Conference, 2000: 1853-1860.

[82] Furukawa T H. Reactive obstacle avoidance for the REMUS autonomous underwater vehicle utilizing a forward looking sonar[D]. Monterey: Naval Postgraduate School, 2006.

[83] Zapata R, Lepinay P. Collision avoidance and bottom following of a torpedo-like AUV[C]. OCEANS, 1996: 571-575.

[84] 刘学敏, 李英辉, 徐玉如. 基于运动平衡点的水下机器人自主避障方式[J]. 机器人, 2001, 23(3): 270-274.

[85] Wang Y, Lane D M. Subsea vehicle path planning using nonlinear programming and constructive solid geometry[J]. IEE Proceedings-Control Theory Applications, 1997, 144(2): 143-152.

2

基于测距声呐的碰撞危险度估计

2.1 引言

单波束回声测距仪(以下简称测距声呐)是 AUV 常用的一种避碰传感器。受自身特性和水声环境影响,其输出数据具有较大的不确定性。如何从多个测距声呐数据中实时提取可靠的障碍信息是实现成功避碰的首要步骤。

测距声呐输出的是波束方向上与障碍的相对距离,属于一维信息。要将不同时刻、不同测距声呐的输出数据进行融合,需三个步骤:首先借助测距声呐工作原理模型(简称测距声呐模型)将一维距离信息表示成三维传感器空间的信息分布,并建立从传感器坐标系到载体坐标系和环境坐标系的转换关系;将一维距离信息最终表示为环境空间中栅格的状态分布。最后,在环境空间中对同一栅格不同时刻、不同来源的信息进行融合。

本章主要包含五部分内容:2.2 节分析测距声呐数据不确定性及其对 AUV 航行的影响;2.3 节概述 D-S 证据理论的基本原理;2.4 节详细论述所提出的测距声呐动态模型、基于占有栅格的环境建模方法、当前声呐数据和现有证据地图进行一致性检验的智能决策规则及改进的证据融合方法;2.5 节采用仿真和湖试对各种方法进行对比分析;2.6 节探索基于传感器信息进行海底地形坡度估计的方法。

2.2 测距声呐数据不确定性分析

2.2.1 测距声呐数据的不确定性

测距声呐的基本工作原理是:由换能器定时主动发射一束声波,如果波束碰到障碍被反射回来且换能器收到回波,就可以根据声波来回传输的时间计算出与障碍的相对距离[1]。在实际海洋环境中,测距声呐测量结果存在很大的不确定性,主要表现在:

(1)测量的不确定性——除受本身测量精度影响外,测距声呐的准确性还受海洋环境参数、水深和载体航行状态等外界因素影响。

(2)障碍方位的不确定性——测距声呐发射的声波向外扩散,形成一定的散射角度;在该角度范围内任意方向都可能发生反射,因此不能确定反射回波的确切方位。

(3)假目标——AUV 上通常装有多个测距声呐和其他水声设备(如多普勒计程仪),它们之间可能发生串扰,即一个声呐发出的探测波被另一个声呐当作自己的回波接收到。另外,尾流和气泡有时也会反射声波,从而出现虚警。

(4)镜面反射或多途反射——测距声呐能否收到探测波与物体表面材质和入射角大小等密切相关,当探测波穿过物体、在物体表面发生散射或更多能量被反射至接收换能器指向以外的方向时,都将导致接收能量达不到响应阈值而出现漏检现象。

通过调整测距声呐系统内部参数,可将虚警和漏警概率降低到一定水平,但不能完全消除。多次湖上和海上试验总结出的测距声呐输出特性也表明了这一点:①如果在探测区域内存在硬质障碍,测距声呐通常能够测得与障碍的相对距离;②在探测区域内不存在障碍时,测距声呐有时也会输出障碍信息,即出现虚警;③虚警的产生是不确定的,与环境噪声、混响、尾流、载体航行姿态、声呐参数等多种因素相关,通过调整声呐参数不能完全避免虚警的发生。

2.2.2 测距声呐数据不确定性对 AUV 航行的影响

测距声呐输出数据的不确定性不同于不准确性,对输出序列进行滤波和平滑并不能去除虚警信息。在 AUV 正常航行中,测距声呐如果出现大量虚警,将导致避碰模块开始动作、扰乱整个使命执行进程。如图 2.1 所示,某次湖上试验中

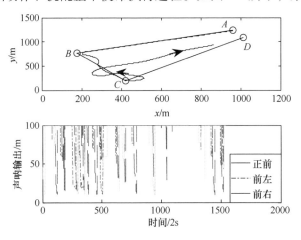

图 2.1 某次试验中期望路径、航行轨迹和声呐输出(见书后彩图)

AUV 的期望路径是沿 *ABCD* 定深 0m 航行，水面没有任何障碍，但正前、前左、前右方向的测距声呐却出现大量虚警数据，导致航行轨迹严重偏离期望路径。

由此，要建立完整的 AUV 实时避碰系统，首先必须从测距声呐原始数据中得到准确、可靠的障碍信息。由于多个测距声呐并不同时进行采样且作用区域没有重叠，本书提出将多个测距声呐信息投影到环境空间的思想，并基于 D-S 证据理论研究了在线的测距声呐数据融合方法。

2.3　D-S 证据理论概述

D-S 证据理论属于一种不确定性推理方法。D-S 证据理论可处理由不知道所引起的不确定性。它采用信任函数而不是概率作为度量，通过对一些事件的概率加以约束以建立信任函数而不必说明难以获得的精确概率。当约束限制为严格的概率时，它进而成为概率论。其基本原理概述如下[2, 3]。

设 Θ 表示 X 所有可能取值的一个论域集合，且所有在 Θ 内的元素间是互不相容的，则称 Θ 为 X 的识别框架。

定义 2.1　设 Θ 为一识别框架，则集函数 $m:2^{\Theta} \to [0,1]$，在满足下列条件

$$\sum_{A \subset \Gamma} m(A) = 1$$

$$m(\varnothing) = 0$$

时，称 m 为识别框架 Θ 上的基本可信度分配；$\forall A \in \Theta$，$m(A)$ 称为 A 的基本可信度，表示对命题 A 的信任程度，其中，$\Gamma = 2^{\Theta}$。

定义 2.2　设 Θ 为一识别框架，$m:2^{\Theta} \to [0,1]$ 是 Θ 上的基本可信度分配，定义函数 $\mathrm{Bel}:2^{\Theta} \to [0,1]$，

$$\mathrm{Bel}(A) = \sum_{\forall B:B \subseteq A} m(B)$$

为信度函数，表示支持命题 A 的所有证据的度量之和。

信度函数 $\mathrm{Bel}(A)$ 有如下性质。

$$\mathrm{Bel}(\varnothing) = 0 \tag{2.1}$$

$$\mathrm{Bel}(\Theta) = 1 \tag{2.2}$$

$$\mathrm{Bel}(A) + \mathrm{Bel}(\neg A) \leqslant 1 \tag{2.3}$$

$$\mathrm{Bel}(A) \leqslant \mathrm{Bel}(B), \quad 如果 A \subset B \tag{2.4}$$

定义 2.3 设 Θ 为一识别框架，定义函数 $\text{Pls}:2^\Theta \to [0,1]$，

$$\text{Pls}(A) = 1 - \text{Bel}(\neg A) = \sum_{\forall B: B\cap A \neq \varnothing} m(B)$$

为似真度函数，表示不否定命题 A 的信任度，由所有与 A 相交的集合的基本可信度之和表示，且有 $\text{Bel}(A) \leqslant \text{Pls}(A)$。并用 $\text{Pls}(A) - \text{Bel}(A)$ 表示对 A 不知道的信息，用 $(\text{Bel}(A),\text{Pls}(A))$ 表示不确定性的信任区间。

似真度函数 $\text{Pls}(A)$ 有如下性质。

$$\text{Pls}(\varnothing) = 0 \tag{2.5}$$

$$\text{Pls}(\Theta) = 1 \tag{2.6}$$

$$\text{Pls}(A) + \text{Pls}(\neg A) \geqslant 1 \tag{2.7}$$

设 m_1，m_2 是 2^Θ 上两个相互独立的基本可信度分配，则 Dempster 组合规则表示为

$$m_1 \oplus m_2(C) = \begin{cases} \dfrac{\sum_{\forall A,B \in \Gamma: A\cap B=C} m_1(\Lambda)m_2(B)}{1 - \sum_{\forall A,B \in \Gamma: A\cap B=\varnothing} m_1(A)m_2(B)}, & \forall C \neq \varnothing \\ 0, & \forall C = \varnothing \end{cases} \tag{2.8}$$

2.4 基于 D-S 证据理论的测距声呐数据融合方法

假设 AUV 在 n 个方向装有测距声呐换能器，S_i 表示第 i 个方向，也称为第 i 个测距声呐，$i=1,2,\cdots,n$。t 时刻的观测数据序列表示为

$$\boldsymbol{R}_t = [\boldsymbol{R}_{1t}, \boldsymbol{R}_{2t}, \cdots, \boldsymbol{R}_{nt}]^\text{T}$$

$$\boldsymbol{R}_{it} = [R_{i1}, R_{i2}, \cdots, R_{ik}]^\text{T}, \quad kT_i \leqslant t$$

式中，T_i 表示第 i 个测距声呐的采样周期；k 为正整数。

设 t 时刻更新的是第 i 个声呐的数据 R_{ik}，$kT_i = t$，则有两种可能：一是 $R_{ik} < R_{\max}$，表示发现障碍，并且 R_{ik} 为与障碍的相对距离；二是 $R_{ik} = R_{\max}$，表示第 i 个声呐方向没有障碍。相应地，有两种假说：$H_0: R_{ik} < R_{\max}$ 和 $H_1: R_{ik} = R_{\max}$。如果 H_0 为真（即 $H_0 = 1$）说明相信存在障碍；否则（即 $H_0 = 0$）说明不能相信存在障碍，判定新数据为虚警。如果 H_1 为真，说明相信没有障碍；否则，判定新数据为漏检，说明事实上存在障碍但声呐没有发现（$R_{\max}$ 为声呐的最大作用距离）。

基于 D-S 证据理论的测距声呐数据融合过程包含 4 个部分, 如图 2.2 所示。首先, 假设更新数据 R_{ik} 为真值, 根据测距声呐模型生成传感器空间栅格的基本可信度分配。其次, 将传感器空间中的栅格映射到环境空间, 对由 R_{ik} 产生的局部环境空间表示与在线地图进行一致性检验, 从而判定 H_0 或 H_1 的真假。最后, 判定后的可信声呐数据一方面作为实时避碰规划模块的输入, 另一方面与在线地图进行证据融合, 更新在线地图; 在线地图将作为实时路径规划的依据。

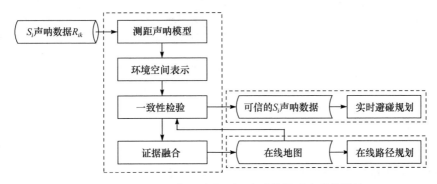

图 2.2　基于 D-S 证据理论的测距声呐数据融合总体结构

2.4.1　测距声呐动态模型

测距声呐属于测距传感器的一种, 经典的测距传感器模型有高斯概率模型[4] 和分区分布模型[5], 这两类模型需要已知先验概率而具有一定的局限性。也有一些研究者对此进行改进, 提出了自适应超声测距仪模型[6, 7]等。但从总体上说现有测距传感器模型并不完全适用于测距声呐。现有测距传感器模型中定义的置信区域大小不变, 这对于采样频率高、传感器之间存在重叠区域的多传感器数据融合是合适的。但是测距声呐采样频率较低, 单位采样周期内 AUV 的位移与测距声呐最大作用距离相比已不能忽略不计。为此, 本书提出了可根据 AUV 航行状态实时调整置信区域和栅格基本可信度分配的测距声呐动态模型。

测距声呐动态模型与现有测距传感器模型主要有两点区别: 一是置信区域随 AUV 航行状态动态变化, 二是计算模型原点和坐标转换矩阵所需的参数由采样时刻动态选择。

测距声呐发射的声波在空间中形成圆锥形的波束, 其输出值反映的信息是在波束散射角为 2β 的锥形范围内声呐发射换能器与障碍的相对距离。根据测距声呐工作原理, 可将其探测区域抽象为以换能器发射中心点为顶点的圆锥体。设第 i 个声呐 t 时刻输出数据为 $R_{ik}(R_{ik} < R_{max})$, 典型测距类传感器模型定义的置信区域如图 2.3 中虚线所示, 而本书所提出的动态模型中置信区域为 $O\text{-}\widehat{MN}$ 所围的扇形区域。

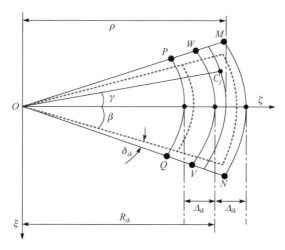

图 2.3　测距声呐动态模型剖视图

扇形区域的大小与 AUV 航行速度和航向角变化相关,由动态参数 Δ_{ik} 和 δ_{ik} 实时决定。设 $|OM| = |ON| = R_{ik} + \Delta_{ik}$, $|OP| = |OQ| = R_{ik} - \Delta_{ik}$, $\alpha_{ik} = \beta + \delta_{ik}$ 。Δ_{ik} 表示对置信区域长度的估计。设声呐波束主轴与载体主对称轴的夹角为 χ_i ($-0.5\pi < \chi_i < 0.5\pi$, 逆时针为正),则

$$\Delta_{ik} = K_1 u_c T_i \cos \chi_i \tag{2.9}$$

$$\delta_{ik} = K_2 \,|\, \psi_k - \psi_{k-1}| + K_3 \arctan \frac{K_1 u_c T_i \sin |\chi_i|}{R_{ik}} \tag{2.10}$$

式中, u_c 为 AUV 航行速度; $K_1 > 0$ 为速度作用系数, $K_2 > 0$ 、 $K_3 > 0$ 为角速度作用系数; ψ_k 、 ψ_{k-1} 分别为第 i 个声呐第 k 、 $k-1$ 采样时刻 AUV 的航向角。

以 AUV 载体重心 G 为原点,载体主对称轴为 x 轴建立符合右手定则的载体坐标系 $G\text{-}xyz$ 。设第 i 个声呐换能器中心在载体坐标系上的坐标为 $S_i(x_{si}, y_{si}, z_{xi})$,以换能器中心点为原点,声呐波束中心轴为主轴,建立符合右手定则的传感器坐标系 $O\text{-}\zeta\xi\eta$ 。

显然,空间栅格在 $O\zeta$ 方向越靠近弧线 $\widehat{WV}$ 、在 $O\xi$ 方向越靠近中线 $O\zeta$ 存在障碍的可信度越大。由此,将置信区域划分为两个部分:由 $PMNQ$ 表示的障碍区域和由 $O\text{-}\widehat{PQ}$ 表示的自由区域。对于第 i 个声呐置信区域 $O\text{-}\widehat{MN}$ 内任意点 $C_j(\zeta_j, \xi_j, \eta_j)$,令 ρ 为 O 、 C_j 两点之间的距离, γ 为 OC_j 与 $O\zeta$ 轴的夹角,建立如下基本可信度分配函数。

当 $R_{ik} < R_{\max}$, C_j 位于 $PMNQ$ 区域内时,基本可信度分配为

$$\begin{cases} m_{C_j}(F) = a_1 \varpi(t) \left(1 - \left(\dfrac{\rho - R_{ik}}{\Delta_{ik}}\right)^2\right)\left(1 - \left(\dfrac{\gamma}{\alpha_{ik}}\right)^2\right) \\ m_{C_j}(E) = c_1 \\ m_{C_j}(X) = \left(1 - m_{C_j}(F) - m_{C_j}(E)\right) \end{cases} \qquad (2.11)$$

式中，$X = \{E, F\}$ 表示不确定状态，即现有信息无法确定该栅格是占有栅格还是自由栅格。

当 $R_{ik} < R_{\max}$，C_j 位于 $O\text{-}\widehat{PQ}$ 区域内时，基本可信度分配为

$$\begin{cases} m_{C_j}(F) = d_1 \\ m_{C_j}(E) = b_1 \varpi(t) \left(1 - \left(\dfrac{\rho - R_{\min}}{R_{ik} - \Delta_{ik}}\right)^2\right)\left(1 - \left(\dfrac{\gamma}{\alpha_{ik}}\right)^2\right) \\ m_{C_j}(X) = \left(1 - m_{C_j}(F) - m_{C_j}(E)\right) \end{cases} \qquad (2.12)$$

当 $R_{ik} \geqslant R_{\max}$，$C_j$ 位于 $O\text{-}\widehat{MN}$ 区域内时，基本可信度分配为

$$\begin{cases} m_{C_j}(F) = c_2 \\ m_{C_j}(E) = b_2 \varpi(t) \left(1 - \left(\dfrac{R_{\max} - \rho}{R_{\max} - R_{\min}}\right)^2\right)\left(1 - \left(\dfrac{\gamma}{\alpha_{ik}}\right)^2\right) \\ m_{C_j}(X) = \left(1 - m_{C_j}(F) - m_{C_j}(E)\right) \end{cases} \qquad (2.13)$$

对于置信区域外的区域，不能确定栅格状态，不进行更新。

式 (2.11) ～式 (2.13) 中 a_1, b_1, b_2 的取值范围为 $(0,1]$，当判定声呐数据为真时，取较大的值；当判定声呐数据为假时，取较小的值。c_1, c_2, d_1 为任意较小的正值。$\varpi(t)$ 表示载体纵倾角对基本可信度分配的影响——当纵倾角过大时，声呐探测区域与 AUV 航行深度平面有较大夹角，其测量值已不能反映该平面的障碍情况。设 $\theta_{\max}$ 表示 AUV 允许的最大纵倾角，则

$$\varpi(t) = \mathrm{e}^{\frac{1}{2}\left|\frac{\theta_t}{\theta_{\max}}\right|} \qquad (2.14)$$

测距声呐动态模型中"动态"的另一层含义是计算模型原点和坐标转换矩阵所需的参数根据采样时刻动态选择。由于采样周期较长，两个相邻采样时刻之间

AUV 航行的距离已不能忽略；即当前采样时刻所获得的更新数据反映的是两个相邻采样时刻之间声呐波束扫过区域的障碍信息，而不是当前采样时刻声呐波束范围内的障碍信息。由此，t 时刻第 i 个声呐模型的原点选取为 $t-0.5T_i$ 时刻声呐换能器中心在环境坐标系中的位置，并以此时 AUV 航行状态（航行速度 u_c，航向角 ψ_c）来计算从载体坐标系到环境坐标系的转换矩阵 $\boldsymbol{M}_{ge}$（其定义详见 2.4.2）。

设第 i 个声呐置信区域内任意点 $C_j(\zeta_j,\xi_j,\eta_j)$，映射到载体坐标系的转换关系式为

$$\begin{bmatrix} x_j \\ y_j \\ z_j \end{bmatrix} = \begin{bmatrix} x_{si} \\ y_{si} \\ z_{si} \end{bmatrix} + \boldsymbol{M}_{og}\begin{bmatrix} \zeta_j \\ \xi_j \\ \eta_j \end{bmatrix}, \quad \boldsymbol{M}_{og} = \begin{bmatrix} \cos\chi_i & -\sin\chi_i & 0 \\ \sin\chi_i & \cos\chi_i & 0 \\ 0 & 0 & 0 \end{bmatrix} \tag{2.15}$$

式中，(x_{si}, y_{si}, z_{si}) 为第 i 个声呐换能器中心在载体坐标系中的坐标；ζ_j、ξ_j 和 η_j 的取值范围为：当 $R_{ik}+\Delta_{ik} \leqslant R_{\max}$ 时，$R_{\min} \leqslant \zeta_j \leqslant R_{ik}+\Delta_{ik}$，当 $R_{ik}+\Delta_{ik} > R_{\max}$ 时，$R_{\min} \leqslant \zeta_j \leqslant R_{\max}$，$-\zeta_j\tan\alpha_{ik} \leqslant \xi_j \leqslant \zeta_j\tan\alpha_{ik}$，$\eta_j = 0$。

2.4.2 基于占有栅格的环境建模

在机器人和计算机视觉领域，环境空间表示方法有基于几何学的或基于栅格的，有确定性的或随机性的。本书是基于 Elfes[4] 提出的占有栅格概念，建立 AUV 对局部海洋环境的表示。

在 AUV 航行深度所在的水平面建立栅格地图，每个栅格由多维离散随机向量表示。概率理论认为栅格 C 的状态 $s(C)$ 是包含两种状态的离散随机变量：占有状态 E 和自由状态 F。占有状态表示在 AUV 航行深度存在障碍，AUV 不能通过该栅格区域；自由状态表示不存在障碍，AUV 能够自由通过。而 D-S 证据理论认为 $s(C)$ 由 E、F 的幂集组成，即

$$s(C) = \Gamma = 2^{\Theta} = \{\phi, E, F, X\}$$

式中，ϕ 表示未知状态，即还没有获得该栅格的状态信息。由基本可信度分配定义可知，每个栅格均有下列性质：

$$m(\phi) = 0 \tag{2.16}$$

$$\sum_{A \subset \Gamma} m(A) = m(\phi) + m(E) + m(F) + m(\{E,F\}) = 1 \tag{2.17}$$

取海中任意一点为原点建立环境坐标系，即全局静坐标系 $E\text{-}XYZ$，坐标轴 EX 的正向指向正北，EY 指向正东，EZ 垂直向下指向地心。由参考文献[8]得载体

坐标系中任意点 $C_j(x_j, y_j, z_j)$ 在环境坐标系下的坐标为

$$\begin{bmatrix} X_j \\ Y_j \\ Z_j \end{bmatrix} = \boldsymbol{M}_{ge} \begin{bmatrix} x_j \\ y_j \\ z_j \end{bmatrix} \tag{2.18}$$

$$\boldsymbol{M}_{ge} = \begin{bmatrix} \cos\psi\cos\theta & -\sin\psi\cos\varphi+\cos\psi\sin\theta\sin\varphi & \sin\psi\sin\varphi+\cos\psi\cos\varphi\sin\theta \\ \sin\psi\cos\theta & \cos\psi\cos\varphi+\sin\varphi\sin\theta\sin\psi & -\cos\psi\sin\varphi+\sin\theta\sin\psi\cos\varphi \\ -\sin\theta & \cos\theta\sin\varphi & \cos\theta\cos\varphi \end{bmatrix}$$

$$\tag{2.19}$$

式中，φ、θ、ψ 分别是 AUV 横滚角、纵倾角和航向角。

2.4.3 一致性决策规则

要消除单个测距声呐数据的不确定性、保证后续数据融合的正确进行，需对融合前的声呐数据进行一致性检验，从而判定 H_0 或 H_1 的真假。以命题"栅格 C_j 是障碍栅格"为例，如图 2.4 所示，根据 D-S 证据理论，$[0, \text{Bel}(F)]$ 表示对该命题的支持程度，$[0, \text{Pls}(F)]$ 表示对该命题的不怀疑程度。显然，当支持区间大于拒绝区间且不确定区间足够小时可以判定该命题为真。由此，大多数文献中采用的目标类型判定规则如下。

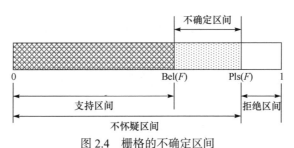

图 2.4 栅格的不确定区间

(1) 判定的目标类型应具有最大的基本可信度赋值：$m_j(A_m) > m_j(A_n) + \varepsilon_1$，$A_m$, $A_n \subset \Gamma$，$A_m \cap A_n = \phi$。

(2) 不确定基本可信度赋值必须小于某个门限：$m_j(X) < \varepsilon_2$。

其中，$\varepsilon_1, \varepsilon_2 \in [0,1]$ 为设定的门限值。显然，该决策规则对参数 ε_1、ε_2 比较敏感，且对目标类型可信度的要求过于严格，在水下机器人这种信息量较少的情况下，适应性不强。为此，本书引入灰色系统理论[9]，提出基于灰数概念的决策规则。把栅格的占有和自由状态分别用区间灰数表示：

$$\otimes(E) \in \left[\mathrm{Bel}(E), \quad \mathrm{Pls}(E)\right] \tag{2.20}$$

$$\otimes(F) \in \left[\mathrm{Bel}(F), \quad \mathrm{Pls}(F)\right] \tag{2.21}$$

它们的白化值分别表示为

$$\tilde{\otimes}(E) = \alpha\mathrm{Bel}(E) + (1-\alpha)\mathrm{Pls}(E) \tag{2.22}$$

$$\tilde{\otimes}(F) = \beta\mathrm{Bel}(F) + (1-\beta)\mathrm{Pls}(F) \tag{2.23}$$

为保持相邻周期决策的一致性并消除不确定因素的影响，α、β 与上一周期可信度分配相关，分别为

$$\alpha = \frac{m(E)}{m(E)+m(F)}, \quad \beta = \frac{m(F)}{m(E)+m(F)}$$

如果栅格 C_j 满足 $\tilde{\otimes}(E) > \tilde{\otimes}(F)+\varepsilon$，则栅格 C_j 为自由状态；如果满足 $\tilde{\otimes}(F) > \tilde{\otimes}(E)+\varepsilon$，则栅格 C_j 为占有状态；如果满足 $\left|\tilde{\otimes}(F)-\tilde{\otimes}(E)\right| \leqslant \varepsilon$，则栅格 C_j 的状态无法确定。

当 $R_{ik} < R_{\max}$ 时，设图 2.3 中 $PMNQ$ 范围内栅格总数为 N_{sum}，由在线地图统计获得障碍栅格数为 N_{occ}，自由栅格数为 N_{emp}（当 $R_{ik}=R_{\max}$ 时，需统计 $O\text{-}\widehat{MN}$ 范围内的栅格）。在确定障碍栅格和自由栅格总数之后，判定 t 时刻命题 H_0 或 H_1 与在线地图一致性的规则如表 2.1 所示，其中 $\gamma_1,\gamma_2,\gamma_3,\gamma_4 \in [0,1]$ 为设定的门限值。

表 2.1　一致性检验规则

测量值	$R_t^i = R_{\max}$			$R_t^i < R_{\max}$		
	$\frac{N_{\mathrm{emp}}}{N_{\mathrm{sum}}} > \gamma_3$	$\frac{N_{\mathrm{emp}}}{N_{\mathrm{sum}}} \leqslant \gamma_3$		$\frac{N_{\mathrm{occ}}}{N_{\mathrm{sum}}} > \gamma_1$	$\frac{N_{\mathrm{occ}}}{N_{\mathrm{sum}}} \leqslant \gamma_1$	
		$\frac{N_{\mathrm{occ}}}{N_{\mathrm{sum}}} < \gamma_4$	$\frac{N_{\mathrm{occ}}}{N_{\mathrm{sum}}} \geqslant \gamma_4$		$\frac{N_{\mathrm{emp}}}{N_{\mathrm{sum}}} < \gamma_2$	$\frac{N_{\mathrm{emp}}}{N_{\mathrm{sum}}} > \gamma_2$
$R_{t-1}^i = R_{\max}$	真	真	假	真	假	假
$R_{t-1}^i < R_{\max}$	真	假	假	真	真	假

2.4.4　改进的证据融合公式

对于任意栅格 C_j，设 $\overline{m}_t$ 表示 t 时刻该栅格累计的基本可信度分配，m_{t+1} 表示当前 $t+1$ 时刻声呐数据分配的基本可信度，由 D-S 证据融合公式 (2.8)，得到栅格

状态更新计算公式为

$$
\begin{aligned}
m_{t+1}(E) = \overline{m}_t \oplus m_{t+1}(E) &= \frac{\sum\limits_{A\cap B=E} \overline{m}_t(A)m_{t+1}(B)}{1-\sum\limits_{A\cap B=\varnothing} \overline{m}_t(A)m_{t+1}(B)} \\
&= \frac{\overline{m}_t(E)m_{t+1}(E)+\overline{m}_t(E)m_{t+1}(\{E,F\})+m_{t+1}(E)\overline{m}_t(\{E,F\})}{1-\overline{m}_t(E)m_{t+1}(F)-m_{t+1}(E)\overline{m}_t(F)}
\end{aligned} \tag{2.24}
$$

$$
\begin{aligned}
\overline{m}_{t+1}(F) = \overline{m}_t \oplus m_{t+1}(F) &= \frac{\sum\limits_{A\cap B=F} \overline{m}_t(A)m_{t+1}(B)}{1-\sum\limits_{A\cap B=\varnothing} \overline{m}_t(A)m_{t+1}(B)} \\
&= \frac{\overline{m}_t(F)m_{t+1}(F)+\overline{m}_t(F)m_{t+1}(\{E,F\})+m_{t+1}(F)\overline{m}_t(\{E,F\})}{1-\overline{m}_t(E)m_{t+1}(F)-m_{t+1}(E)\overline{m}_t(F)}
\end{aligned} \tag{2.25}
$$

$$
\begin{aligned}
\overline{m}_{t+1}(X) = \overline{m}_t \oplus m_{t+1}(X) &= \frac{\sum\limits_{A\cap B=X} \overline{m}_t(A)m_{t+1}(B)}{1-\sum\limits_{A\cap B=\varnothing} \overline{m}_t(A)m_{t+1}(B)} \\
&= \frac{\overline{m}_t(X)m_{t+1}(X)}{1-\overline{m}_t(E)m_{t+1}(F)-m_{t+1}(E)\overline{m}_t(F)}
\end{aligned} \tag{2.26}
$$

代入式(2.17)，得

$$
\begin{cases}
\overline{m}_{t+1}(E) = \dfrac{\overline{m}_t(E)+m_{t+1}(E)-\overline{m}_t(E)m_{t+1}(E)-\overline{m}_t(E)m_{t+1}(F)-m_{t+1}(E)\overline{m}_t(F)}{1-\overline{m}_t(E)m_{t+1}(F)-m_{t+1}(E)\overline{m}_t(F)} \\[3mm]
\overline{m}_{t+1}(F) = \dfrac{\overline{m}_t(F)+m_{t+1}(F)-\overline{m}_t(F)m_{t+1}(F)-\overline{m}_t(E)m_{t+1}(F)-m_{t+1}(E)\overline{m}_t(F)}{1-\overline{m}_t(E)m_{t+1}(F)-m_{t+1}(E)\overline{m}_t(F)} \\[3mm]
\overline{m}_{t+1}(X) = \dfrac{\left(1-\overline{m}_t(E)-\overline{m}_t(F)\right)\left(1-m_{t+1}(E)-m_{t+1}(F)\right)}{1-\overline{m}_t(E)m_{t+1}(F)-m_{t+1}(E)\overline{m}_t(F)}
\end{cases} \tag{2.27}
$$

显然，上述公式不足之处是当 $1-\overline{m}_t(E)m_{t+1}(F)-m_{t+1}(E)\overline{m}_t(F)=0$ 时，合成结果将趋于无穷。发生这种情况的原因是 m_{t+1} 和 $\overline{m}_t$ 发生冲突。证据冲突将导致 Dempster 规则应对不确定性的能力大大降低。$\overline{m}_t$ 是由多次可信测量值建立起的可信度分配，m_{t+1} 是由当前时刻一次测量值给出的可信度分配，按照 Dempster 规则融合后的结果 $\overline{m}_{t+1}$ 如表 2.2 所示。显然，当前测量值导致由原有多次测量值累积的对 E 的可信度迅速降低，出现"一票否决"的不合理现象。

表 2.2　多种融合方法对冲突证据的融合结果

		E	F	$\{E, F\}$
	$\bar{m}_t$	0.8	0.1	0.1
	m_{t+1}	0.05	0.9	0.05
融合方法	Dempster 规则 $\bar{m}_{t+1}$	0.31	0.67	0.02
	Yager[10]方法 $\bar{m}_{t+1}$	0.085	0.185	0.73
	张山鹰等[11]方法 $\bar{m}_{t+1}$	0.09	0.905	0.005
	邢清华等[12]方法 $\bar{m}_{t+1}$	0.4255	0.5695	0.005
	平均方法 $\bar{m}_{t+1}$	0.425	0.5	0.075
	本书方法 $\bar{m}_{t+1}$	0.665	0.2575	0.0775

　　冲突证据的合成一直是 D-S 证据理论所关注的重要问题之一。针对这一问题，目前有两种解决思路：一种是修改证据模型，另一种是修改证据融合公式。修改证据模型属于预处理模式，即在利用 Dempster 规则进行证据组合之前，将冲突焦元的基本可信度赋值部分转移到焦元并集，从而将冲突化解为不确定的知识表示。佘二永等[13]、林作铨等[14]、王占斌等[15]等研究者分别提出了多种重新分配空集可信度的方法。

　　修改证据融合公式是从另一个角度，基于开放世界假设来看待 D-S 证据合成，允许对空集分配可信度。替代的策略有取消 Dempster 合成中的标准化或通过并、交运算给出复合可信度函数的上下界，其中被引用次数较多的有：简单的平均方法、张玉琢等[16]提出的将证据冲突因子当作未分配的信任的方法、邢清华等[12]提出一种按比例分配冲突度的组合规则、张山鹰等[11]提出的吸收法等。上述方法的对比分析详见文献[16]、[17]，本书采用这些方法对一组冲突证据进行融合的结果见表 2.2 所示。从表中可以看出：Yager[10]方法使证据的不确定性增大，不能达到证据融合的目的；张山鹰等[11]方法将冲突值主要分配给对产生冲突起较大作用的焦元，出现"一票否决"现象；平均方法不能有效区分冲突信息和无冲突信息，邢清华等[12]方法只把冲突值分配了 E、F 焦元，而忽略了不确定焦元 X。

　　本书认为，在实时处理声呐数据序列过程中，累积的证据可信度分配 $\bar{m}_t$ 比一次测量结果 m_{t+1} 具有更高的优先级，当发生证据冲突而不能判断新数据真伪时应采取比较折中的办法，既要保证原有决策结果不发生改变，又要体现出新数据产生的效果。于是本书提出一种确定比例的冲突值分配方法——把证据冲突值按照

累积可信度的比例进行分配，修改后的融合公式为

$$
\begin{cases}
\bar{m}_{t+1}(E) = \sum_{A \cap B = E} \bar{m}_t(A) m_{t+1}(B) + \bar{m}_t(E) \sum_{A \cap B = \varnothing} \bar{m}_t(A) m_{t+1}(B) \\
\bar{m}_{t+1}(F) = \sum_{A \cap B = F} \bar{m}_t(Z) m_{t+1}(Y) + \bar{m}_t(F) \sum_{A \cap B = \varnothing} \bar{m}_t(A) m_{t+1}(B) \\
\bar{m}_{t+1}(X) = \sum_{A \cap B = X} \bar{m}_t(Z) m_{t+1}(Y) + \bar{m}_t(X) \sum_{A \cap B = \varnothing} \bar{m}_t(A) m_{t+1}(B)
\end{cases}
\quad (2.28)
$$

式（2.28）证明过程如下：

$$
\bar{m}_{t+1}(E) + \bar{m}_{t+1}(F) + \bar{m}_{t+1}(X)
$$

$$
= \sum_{A \cap B = E} \bar{m}_t(A) m_{t+1}(B) + \sum_{A \cap B = F} \bar{m}_t(A) m_{t+1}(B)
$$

$$
+ \sum_{A \cap B = X} \bar{m}_t(A) m_{t+1}(B) + \left(\bar{m}_t(E) + \bar{m}_t(F) + \bar{m}_t(X) \right) \sum_{A \cap B = \varnothing} \bar{m}_t(A) m_{t+1}(B)
$$

$$
= \sum_{A \cap B = E} \bar{m}_t(A) m_{t+1}(B) + \sum_{A \cap B = F} \bar{m}_t(A) m_{t+1}(B) + \sum_{A \cap B = X} \bar{m}_t(A) m_{t+1}(B) + \sum_{A \cap B = \varnothing} \bar{m}_t(A) m_{t+1}(B)
$$

$$
= \bar{m}_t(E) m_{t+1}(E) + \bar{m}_t(E) m_{t+1}(X) + \bar{m}_t(X) m_{t+1}(E)
$$

$$
+ \bar{m}_t(F) m_{t+1}(F) + \bar{m}_t(F) m_{t+1}(X) + \bar{m}_t(X) m_{t+1}(F)
$$

$$
+ \bar{m}_t(X) m_{t+1}(X) + \bar{m}_t(E) m_{t+1}(F) + \bar{m}_t(F) m_{t+1}(E)
$$

$$
= \bar{m}_t(E) \left(m_{t+1}(E) + m_{t+1}(X) + m_{t+1}(F) \right)
$$

$$
+ \bar{m}_t(F) \left(m_{t+1}(F) + m_{t+1}(X) + m_{t+1}(E) \right)
$$

$$
+ \bar{m}_t(X) \left(m_{t+1}(E) + m_{t+1}(F) + m_{t+1}(X) \right)
$$

$$
= \bar{m}_t(E) + \bar{m}_t(F) + \bar{m}_t(X) = 1.0
$$

上述证明过程表明改进后的证据融合公式能保证所有焦元的基本可信度总和为 1.0。采用改进后的融合公式计算上述冲突证据结果（表 2.2），从表中各种方法的对比可知，本书提出的基于确定比例的冲突值分配方法在当前数据分配的可信度与累积可信度发生冲突时，以多次测量值融合后的累积可信度为基准，这样既能保留累积证据的决策结果，又能融入新证据的信息，符合测距声呐数据融合的要求。

2.5 仿真和湖试数据验证

2.5.1 仿真验证

以一类具有远距离航行能力、在未知海区作业的欠驱动 AUV 为研究对象，建立 AUV 运动仿真系统，其总体结构如图 2.5 所示。AUV 六自由度运动学和动力学模型、舵模型和推进器模型参见文献[18]，航向、深度、速度控制器与实际 AUV 控制系统中的控制器保持一致。避碰声呐输出模块根据海图中的障碍信息实时计算正前、前下、正下、前左和前右五个方向测距声呐的输出——AUV 与障碍的相对距离。虚警模拟模块根据仿真需要为每个方向测距声呐输出值分别加入不同的虚警数据。AUV 运动仿真系统实现了对 AUV 控制、运动和外部海洋环境的实时模拟。

所提出的基于 D-S 证据理论的数据融合方法位于声呐数据融合模块，实时避碰规划和实时路径规划将在后续章节陆续介绍。声呐数据融合模块既为实时避碰规划模块提供可信的声呐数据，又为实时路径规划模块提供在线证据地图。为验证基于 D-S 证据理论的测距声呐数据融合方法的有效性，共进行四组仿真实验，下面逐一详细说明和分析。

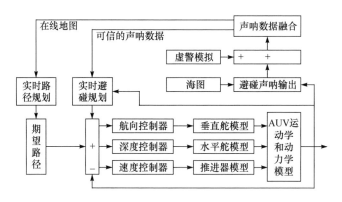

图 2.5　AUV 运动仿真系统结构

1. 仿真实验一

本节分别采用文献[5]的正则化方法、文献[19]的贝叶斯推理方法和本书的 D-S 证据理论方法进行仿真实验。不考虑未被测距声呐探测到的区域，设 $\omega(T,z)$ 表示

在 z 处存在障碍，$J(T,z)$ 表示 AUV 判断 z 处存在障碍，则虚警概率 P_f 、漏警概率 P_m 、检测概率 P_d 分别为

$$P_f = \frac{J(T,z)}{\neg \omega(T,z)}, \quad P_m = \frac{\neg J(T,z)}{\omega(T,z)}, \quad P_d = \frac{J(T,z)}{\omega(T,z)} \qquad (2.29)$$

仿真过程中 AUV 以 3kn 航速在障碍附近定深航行。实验结果显示：虚警和漏检栅格均发生在障碍区域边缘；这是由测距声呐自身的测量不确定性引起的。表 2.3 为多次仿真实验数据统计三种数据融合方法的虚警概率、漏警概率、检测概率结果。从表中可以看出：基于 D-S 证据理论的数据融合方法具有较高的检测概率和较低的漏警概率。

表 2.3 三种方法仿真结果

方法名称	虚警概率	漏警概率	检测概率
正则化方法	0.0551	0.000657	0.9864
贝叶斯推理方法	0.048	0.001	0.9785
D-S 证据理论方法	0.08	0.000386	0.9918

2. 仿真实验二

建立如图 2.6 所示的仿真环境，期望路径为由点 $A(200, 200)$ 到点 $B(200, 700)$ 的连线，期望行为是速度 2kn、定深 60m。仿真过程中在正前声呐输出值上叠加幅值为 $80+\vartheta$ 、连续 5 个采样周期的虚警，其中 ϑ 为处于 $[-10, 10]$ 的随机数。

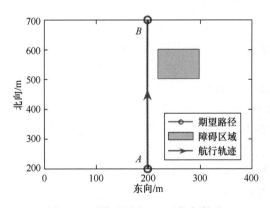

图 2.6 环境地图和 AUV 航行轨迹

共进行两次仿真实验,其中一次仿真中不考虑证据冲突,按照常规 Dempster 融合公式进行证据融合,所获得的占有状态栅格图如图 2.7(a)所示。另一次仿真中按照确定比例对证据冲突值重新分配,所获得的占有状态栅格图如图 2.7(b)所示。两者对比不难看出,本书提出的证据融合改进公式不仅能有效降低偶然出现的虚警或漏警对在线证据地图的影响,而且保证了真实障碍证据的累积。

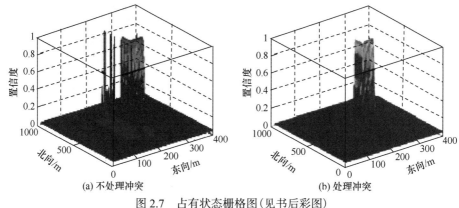

图 2.7 占有状态栅格图(见书后彩图)
置信度:0-不信任,1-信任

3. 仿真实验三

第三组仿真实验的目的是验证基于 D-S 证据理论的数据融合方法在正常航行状态去除虚警的有效性。仿真过程中 AUV 在无障碍环境中沿直线以 5kn 的速度作定深航行,正前、前左、前右声呐输出值分别加入幅值为 $x+\vartheta$、连续 10 个采样周期的虚警,其中 $x\in[R_{\min},R_{\max}]$, ϑ 为处于 $[-5,5]$ 的随机数。

以 $x=85$ 为例,正前声呐输出的原始值、加入虚警后的数值和数据融合后的结果分别如图 2.8(a)中 M1、M2 和 M3 曲线所示。仿真时间为 820s,正前声呐的采样周期为 1s,即共有 820 个输出数据。在 40~800s 每隔 40s 加入幅值为 $x+\vartheta$、连续 10s 的虚警,共计加入虚警 190 个。数据融合后被当作真值的虚警共计 6 个,即减少了 96.8%的虚警数据。

同理,前左声呐在 66~800s 每隔 30s 加入幅值为 $x+\vartheta$、连续 30s 的虚警;前左声呐的采样周期为 3s,共计加入虚警 120 个,数据融合后被当作真值的虚警只有 1 个,即 99.17%的虚警数据被正确识别出来[图 2.8(b)]。前右声呐在 66~800s 每隔 33s 加入幅值为 $x+\vartheta$、连续 30s 的虚警;前右声呐的采样周期为 3s,共计加入虚警 120 个,数据融合中所有虚警数据都被正确识别出来[如图 2.8(c)]。

x 取不同值进行多次仿真实验,统计结果显示:基于 D-S 证据理论的测距声呐数据融合方法能有效地消除随机出现的虚警信息;在平稳直线航行状态总有效率保持在 90%以上。

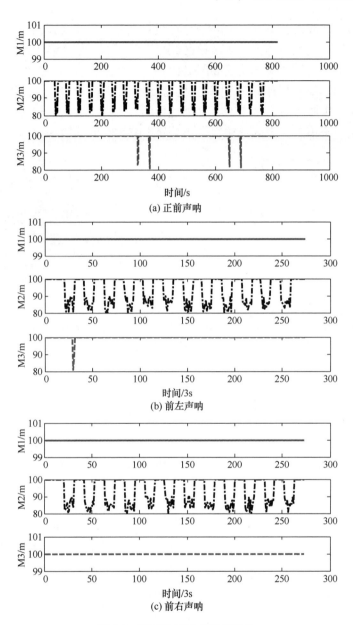

图 2.8　声呐数据融合前后对比

4. 仿真实验四

第四组仿真实验的目的是验证本书所提出的数据融合方法在线建立障碍证据地图的有效性。AUV 期望行为是速度 5kn、定深 60m 从点 $A(200, 200)$ 航行到点 $B(200, 1723)$。如图 2.9(a)所示，在规划路径 AB 两侧共有 8 个静态立方体形障碍。

仿真初始航速 2.5m/s，初始航向角 1.5°。在线建立的占有状态证据地图如图 2.9(b) 所示，置信度方向数值越大，表示该区域存在障碍的可信度越大。前左、前右声呐数据融合前后的结果对比曲线如图 2.10 所示，数据融合后可信的声呐数据除开始几个周期因需要积累证据出现漏检外，其他时刻都能很好地跟踪声呐原始数据曲线的变化。由此可见，基于 D-S 证据理论的数据融合方法能够成功获取声呐数据中的真实障碍信息，有效地建立未知、静态障碍的证据地图。

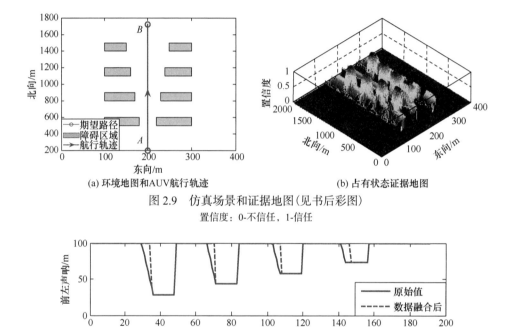

(a) 环境地图和AUV航行轨迹   (b) 占有状态证据地图

图 2.9　仿真场景和证据地图(见书后彩图)
置信度：0-不信任，1-信任

图 2.10　声呐数据融合前后对比

2.5.2　湖试数据验证

AUV 由小艇水面拖曳绕行湖面岛屿一周，实时记录 AUV 状态和测距声呐输出数据。本节分别采用经典测距类传感器模型[2]和本书提出的动态模型对测距声呐数据进行数据融合处理，结果对比曲线见图 2.11。其中 D1 表示采用测距声呐动态模型进行数据融合处理后的结果，D2 表示采用经典测距类传感器模型进行数据融合处理后的结果。

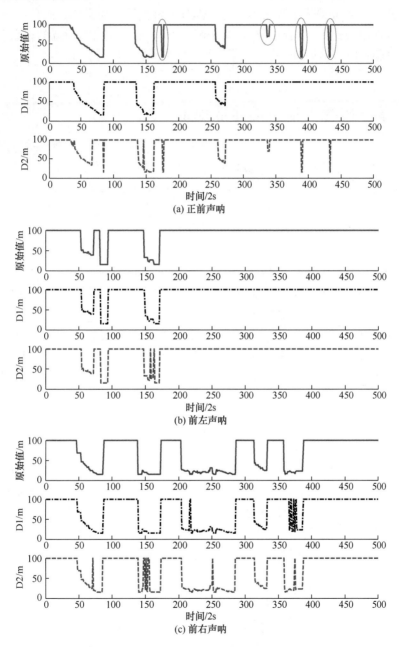

图 2.11 采用不同模型的处理结果

测距声呐原始值中含有因湖面气泡、尾流等不确定因素产生的随机虚警数据 [图 2.11(a)中椭圆内部分]。从图中可见,基于测距声呐动态模型的数据融合方法能够有效去除虚警信息，融合处理后的可信声呐数据一致连续。而基于经典测距类传感器模型的数据融合方法不仅将大部分虚警也接受为真值，而且融合处理后的声呐数据出现跳点。由此可见，基于测距声呐动态模型的数据融合处理方法更适应于测距声呐的特殊性。

2.6 基于传感器信息的海底地形估计

在地形较为平坦的海域，常规的基于 PID 控制的垂直面运动控制器(控制深/高度和纵倾角)可以实现对海底地形的跟踪。但是当地形起伏较大、较为复杂时，就需要提前预测海底地形的变化，并将预测结果作为前馈控制量引入垂直面运动控制。如何通过有限的传感器数据对海底地形进行预测是实现成功避碰的首要步骤。

依据水下机器人机载传感器实时测量的信息，可以获得航线上每一点水下机器人距离海底的高度和距离水面的深度，两者之和即是该点的水深。这里有两个问题：一是高度和深度信息都包含一定的测量误差和噪声，需要合适的滤波算法估计水深的真值；二是将一组水深信息连线即海底地形轮廓，如何拟合出一段时间内海底地形坡度是地形估计的关键。本书提出了通过扩展卡尔曼滤波和最小二乘法的海底地形估计算法。

2.6.1 扩展卡尔曼滤波

对海底地形的估计主要依靠的传感器是高度计和深度计。由于高度计和深度计都存在较多的背景噪声和较大的测量误差，在对海底地形进行估计之前，需要对高度计和深度计数据进行滤波。这里我们采用扩展卡尔曼滤波(extended Kalman filter，EKF)，扩展卡尔曼滤波就是在有随机干扰和噪声的情况下，以线性最小方差估计方法给出状态的最优估计值。扩展卡尔曼滤波是在统计的意义上给出最接近状态真值的估计值。扩展卡尔曼滤波的计算过程如下。

(1)初始化。

$$
\begin{cases}
X_0 = E[X(0)] \\
\boldsymbol{P}_0 = E[(X(0) - \hat{X}(0))(X(0) - \hat{X}(0))^{\mathrm{T}}]
\end{cases}
\tag{2.30}
$$

(2)预测。

$$
\begin{cases}
X_{k|k-1} = \boldsymbol{A}\, X_{k-1|k-1} + \boldsymbol{B}\, U_k \\
\boldsymbol{P}_{k|k-1} = \boldsymbol{A}\, \boldsymbol{P}_{k-1|k-1}\, \hat{\boldsymbol{A}} + Q
\end{cases}
\tag{2.31}
$$

（3）修正。

$$\begin{cases} X_{k|k} = X_{k|k-1} + \mathrm{Kg}_k \ (Z_k - \boldsymbol{H} \, X_{k|k-1}) \\ \mathrm{Kg}_k = \boldsymbol{P}_{k|k-1} \, \boldsymbol{H}^{\mathrm{T}} / (\boldsymbol{H} \, \boldsymbol{P}_{k|k-1} \, \boldsymbol{H}^{\mathrm{T}} + R) \\ \boldsymbol{P}_{k|k} = (\boldsymbol{I} - \mathrm{Kg}_k \, \boldsymbol{H}) \boldsymbol{P}_{k|k-1} \end{cases} \tag{2.32}$$

式中，X 表示进行滤波的量；$\boldsymbol{A}$ 为系统矩阵；$\boldsymbol{B}$ 为控制输入矩阵；$\boldsymbol{P}$ 为估计（误差协方差矩阵）；Q 为预测值的协方差；R 为测量值的协方差；$\boldsymbol{H}$ 为观测矩阵，也叫量测矩阵；Kg 为中间变量；Z 表示高度计和深度计的实际测量值。$Q/(Q+R)$ 的值为卡尔曼增益的收敛值，卡尔曼增益越小，预测值越可靠，最优化角度越接近预测值，反之说明测量值越可靠，最优化角度越接近测量值。在本书中，参数 $\boldsymbol{A}$、$\boldsymbol{B}$、Q 由选择的系统模型决定，参数 R 由传感器自身决定，因此可以通过扩展卡尔曼滤波对高度计和深度计数值进行滤波。

2.6.2 最小二乘法

对高度计和深度计的数据进行滤波后，要得到海底地形的变化可以通过水深的变化来表示，海底地形的变化趋势可以通过计算水深的变化趋势来取得。如图 2.12 所示，AUV 在航行的过程中会经历爬坡等行为，由于高度计的测量方向是与载体成 90°夹角，所以水深值并不是 AUV 深度值与高度值的简单相加。

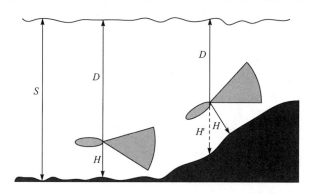

图 2.12　深海机器人海底航行垂直面示意图

当 AUV 纵倾角 $p = 0°$时，

$$S = D + H$$

当 AUV 在进行爬坡等运动时，纵倾角 $p \neq 0°$，此时

$$S = D + H' = D + \frac{\cos(p - \theta)}{\cos\theta} H$$

式中，S 表示水深；D 表示 AUV 所处的深度；H 表示 AUV 沿航行体垂直方向与海底的距离；H'表示 AUV 沿垂直方向与海底的距离；θ 表示 AUV 当前位置海底地形坡角。

由于海底地形起伏不定，这里拟采用最小二乘法对海底地形坡度进行估计。最小二乘法（又称为最小平方法）是一种数学优化方法，它通过采用最小化误差的平方和确定数据的最佳匹配函数。利用最小二乘法可以较为简单地求得未知数据，并使求得的结果与实际数据之间误差的平方和是最小的。我们选取 N 个水深值，通过最小二乘拟合，建立时间与水深值之间的函数关系，$S = a + bt$，其中 a 和 b 为待估参数，a 表示斜距，b 表示当前地形的斜率。通过最小二乘拟合，便可以求得待估参数，计算方法如下。

如果没有测量误差，只需要两组不同的 t 和 S，就可以求出 a 和 b。但是由于每次测量中总存在随机误差，即

$$S_i = s_i + v_i \text{ 或 } S_i = a + bt_i + v_i$$

式中，S_i 为测量数据；s_i 为真值；v_i 为随机误差。

显然，将每次测量误差相加，可构成总误差

$$\sum_{i=1}^{N} v_i = v_1 + v_2 + v_3 + \cdots + v_N$$

如何使测量的总误差最小，选择不同的评判标准可获得不同的方法，当采用每次测量的平方和最小时，即

$$J_{\min} = \sum_{i=1}^{N} v_i^2 = \sum_{i=1}^{N} [s_i - (a + bt_i)]^2$$

由上式可知，若使 $J_{\min}$ 最小，利用求极值的方法得

$$\begin{cases} \left. \dfrac{\partial J}{\partial a} \right|_{a=\hat{a}} = -2\sum_{i=1}^{N}(s_i - a - bt_i) = 0 \\ \left. \dfrac{\partial J}{\partial b} \right|_{b=\hat{b}} = -2\sum_{i=1}^{N}(s_i - a - bt_i)t_i = 0 \end{cases}$$

对上式进行整理，$\hat{a}$ 和 $\hat{b}$ 的估计值可由下列方程确定。

$$\begin{cases} N\hat{a} + \hat{b}\sum_{i=1}^{N} t_i = \sum_{i=1}^{N} s_i \\ \hat{a}\sum_{i=1}^{N} t_i + \hat{b}\sum_{i=1}^{N} t_i^2 = \sum_{i=1}^{N} s_i t_i \end{cases}$$

解上述方程组，可得

$$\begin{cases} \hat{a} = \dfrac{\sum\limits_{i=1}^{N} S_i \sum\limits_{i=1}^{N} t_i^2 - \sum\limits_{i=1}^{N} S_i t_i \sum\limits_{i=1}^{N} t_i}{N \sum\limits_{i=1}^{N} t_i^2 - (\sum\limits_{i=1}^{N} t_i)^2} \\[4ex] \hat{b} = \dfrac{N \sum\limits_{i=1}^{N} S_i t_i - \sum\limits_{i=1}^{N} S_i \sum\limits_{i=1}^{N} t_i}{N \sum\limits_{i=1}^{N} t_i^2 - (\sum\limits_{i=1}^{N} t_i)^2} \end{cases}$$

式中，b 为待估参数，通过计算可将其转换成角度。

2.6.3 仿真验证

我们针对两类典型地形进行仿真验证。仿真中 AUV 采用定深模式航行，航行深度不变，航行高度随地形变化，然后通过扩展卡尔曼滤波和最小二乘法对海底地形进行坡度估计。

1. 仿真实验一

首先通过 MATLAB 建立一个梯形地形，在前 200s 的时间内，海底地形角度为 0°，在 200～400s 的时间内海底地形角度为 20°，在 400～600s 的时间内海底地形角度为 0°，在 600～800s 的时间内海底地形角度为 −20°，在 800～1000s 的时间内海底地形角度为 0°。AUV 航速设定为 1kn，传感器采样周期为 0.5s，给传感器加入了标准差为 1.5 的白噪声，图 2.13 为海底地形随时间的变化关系及 AUV 测量的数据。

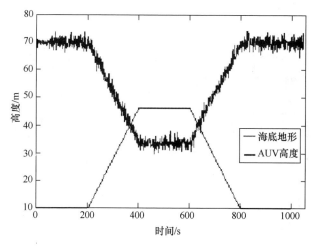

图 2.13　海底地形随时间的变化关系及 AUV 测量数据(仿真场景一)(见书后彩图)

此时本书通过最小二乘法对海底坡度进行估计，n 取值为 10，即每十个点计算一次海底地形的坡度，通过图 2.14 可以看出通过算法测量的海底地形的角度与设定角度基本一致，能够准确预测海底地形的变化趋势。

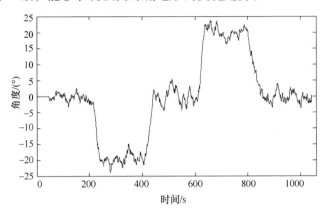

图 2.14　海底地形角度估计(仿真场景一)

2. 仿真实验二

首先通过 MATLAB 建立一个连续变化的海底地形，如图 2.15 所示，随时间变化海底呈现±30°的变化。AUV 航速设定为 1kn，传感器采样周期为 0.5s，给传感器加入了标准差为 2 的白噪声，图 2.15 为海底地形随时间的变化关系及 AUV 测量的数据。图 2.16 为通过算法测得的海底地形的角度随时间的变化曲线。

此时最小二乘法 n 取值仍为 10，即每十个点计算一次海底地形的坡度，通过图 2.16 可以看出通过算法测量的海底地形的角度与设定角度基本一致，能够准确预测海底地形的变化趋势。

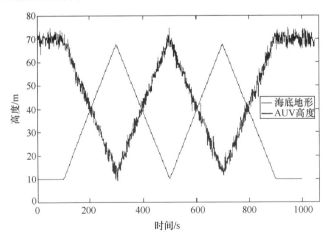

图 2.15　海底地形随时间的变化关系及 AUV 测量数据(仿真场景二)(见书后彩图)

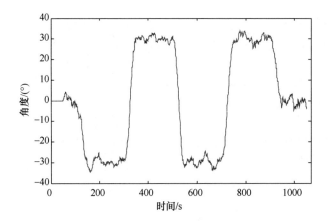

图 2.16　海底地形角度估计(仿真场景二)

参 考 文 献

[1] 李启虎. 声呐信号处理引论[M]. 2 版. 北京: 海洋出版社, 2000: 84-280.

[2] Pagac D, Nebot E M, Durrant-Whyte H. An evidential approach to map-building for autonomous vehicles[J]. IEEE Transact Ions on Robotics and Automation, 1998, 14(4): 623-629.

[3] 何友, 王国宏, 陆大缮, 等. 多传感器信息融合及应用[M]. 北京: 电子工业出版社, 2000: 24-47.

[4] Elfes A. Using occupancy grids for mobile robot perception and navigation[J]. IEEE Computer, 1989, 22(6): 46-57.

[5] Moravec H P, Elfes A. High resolution maps from wide angle sonar[C]. IEEE International Conference on Robotics and Automation, 1985: 116-121.

[6] Yi Z, Khing H Y, Seng C C, et al. Multi-ultrasonic sensor fusion for mobile robots[C]. Proceedings of the IEEE Intelligent Vehicles Symposium 2000, Dearborn, USA, 2000: 387-391.

[7] 刘国良, 孙增圻. 基于超声波传感器的未知狭窄环境导航算法[J]. 传感器技术, 2005, 24(2): 70-72.

[8] 蒋新松, 封锡盛, 王棣棠, 等. 水下机器人[M]. 沈阳: 辽宁科学技术出版社, 2000: 10-200.

[9] 王卫华, 陈卫东, 席更裕. 移动机器人地图创建中的不确定传感信息处理[J]. 自动化学报, 2003, 29(2): 267-274.

[10] Yager R R. On the Dempster-Shafer framework and new combination rules[J]. Information System, 1989, 41(2): 93-137.

[11] 张山鹰, 潘泉, 张洪才. 一种新的证据推理组合规则[J]. 控制与决策, 2000, 15(5): 540-544.

[12] 邢清华, 雷英杰, 刘付显. 一种按比例分配冲突度的证据推理组合规则[J]. 控制与决策, 2004, 19(12): 1388-1341.

[13] 佘二永, 王润生, 徐学文. 基于预处理模式的 D-S 证据理论改进方法[J]. 模式识别与人工智能, 2007, 20(5): 711-715.

[14] 林作铨, 牟克典, 韩庆. 基于未知扰动的冲突证据合成方法[J]. 软件学报, 2007, 15(8): 1150-1156.

[15] 王占斌, 赵辉, 齐红丽, 等. 基于信度函数的冲突证据组合新方法[J]. 上海理工大学学报, 2008, 30(1): 50-56.

[16] 张玉琢, 余英. D-S 证据理论中冲突证据组合分析[J]. 云南师范大学学报, 2007, 27(4): 29-33.

[17] 李建国，王晓峰，孙晓明. 冲突证据融合算法性能分析[J]. 兵工自动化, 2008, 27(2): 39-42.

[18] 刘开周. 水下机器人多功能仿真平台及其鲁棒控制研究[D]. 沈阳：中国科学院沈阳自动化研究所, 2006: 31-88.

[19] 廖小翔,胡旭东,武传宇. 基于高斯概率分布场的 VFH 避障方法研究[J]. 机械设计与研究, 2005, 21(1): 31-34.

3

基于声呐图像的水下障碍特征提取

3.1 引言

近年来，多波束图像声呐成为 AUV 避碰传感器的更常见选择。因而从声呐图像出发，研究基于声呐图像的障碍自主判别和特征提取具有重要的意义。声呐图像与光学图像有较大差别，不仅分辨率低而且缺乏颜色、纹理等可识别特征，因而通常的光学图像处理方法并不能直接应用于声学图像处理，需要针对图像声呐的特点进行改进。

本章首先介绍多波束图像声呐的成像原理及特点，并以实际应用中所遇到的干扰等问题为示例进行了说明。其次，重点介绍声呐图像处理方法，以及在此基础上的水下障碍特征提取，并基于实际试验数据验证了方法的有效性。

3.2 图像声呐成像原理及特点

声呐图像的产生：声呐向被测区域发射带有特定信息的声信号，该信号在海水中传播时遇到障碍物即声呐目标物时，就会产生回声信号，回声信号被声呐的接收换能器接收后，再将声信号转换为相应的电信号，根据这些信息形成的图像序列可以指示出目标的距离、方位、运动参数及某些物理属性。多波束图像声呐三维探测范围如图 3.1 所示。

探测距离为 R，水平开角为 α，垂直开角为 β，坐标原点 O 为声呐接收阵中心，边界点为点 O、M_1、M_2、M_3、M_4。已知原点 O 为 $(0,0,0)$，可利用球面坐标系和空间直角坐标系之间关系求出另外四点的空间坐标。

$$\begin{cases} X_i = R\sin\alpha_i\cos\beta_i \\ Y_i = R\cos\alpha_i\sin\beta_i \\ Z_i = R\sin\beta_i \end{cases} \tag{3.1}$$

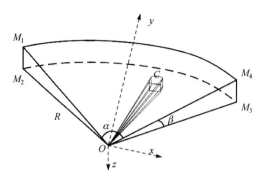

图 3.1 多波束图像声呐三维探测范围

式中，

$$\begin{cases} \alpha_1 = -\dfrac{\alpha}{2}, & \beta_1 = \dfrac{\beta}{2} \\[2mm] \alpha_2 = -\dfrac{\alpha}{2}, & \beta_2 = \dfrac{\beta}{2} \\[2mm] \alpha_3 = -\dfrac{\alpha}{2}, & \beta_3 = \dfrac{\beta}{2} \\[2mm] \alpha_4 = -\dfrac{\alpha}{2}, & \beta_4 = \dfrac{\beta}{2} \end{cases} \tag{3.2}$$

以边界点 O、M_1、M_2、M_3、M_4 五个点确定的封闭区域即为前视声呐的探测范围。但对于二维成像声呐而言，采用的投影方式通常是将立体的探测范围转化为平面扇形，转化方法通常是将相同距离和相同水平方位角的回波投影在垂直开角中心平面上，在使用中，声呐通过接收阵的换能器对同一方位、相同距离的回波进行采样，根据该方向在二维平面投影的回波强度绘制声呐图像，多波束图像声呐二维投影区域如图 3.2 所示。

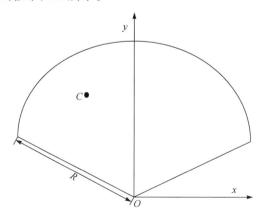

图 3.2 多波束图像声呐二维投影区域

由于声波遇到障碍物会形成反射和遮挡，在声呐图像中会出现三种区域：回波、声影和背景，回波强的区域在图像中表现较亮，背景区域较暗，无回波区域形成声影区，是图像中暗的部分，如图 3.3 所示。

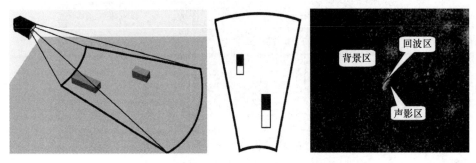

图 3.3　多波束图像声呐成像示意图及原始声呐图像（见书后彩图）

虽然声呐相对于传统光学传感器具有衰减小、探测距离远的优势，是探测和识别水下障碍物最有效的设备，但是与光学图像相比声呐图像也存在其固有问题：

（1）声呐图像中存在大量斑块噪声，该噪声来自水体对于声波的散射和多途效应、旁瓣干扰、多普勒效应、其他声学传感器及海洋中其他噪声的干扰；

（2）海里存在气泡和密度不均的水团，这些物体极易被误判为障碍目标；

（3）水下声光图像具有图像分辨率较低、噪声干扰严重、噪声密集、障碍物体显著性不足等特点，使得水下障碍物往往存在特征不够显著、对比度差、形状畸变严重的问题且淹没于复杂的噪声群中而难以提取，图像边缘恶化并容易与其他轮廓相似物体混淆，难以判断从而造成虚警。

图 3.4 为水下机器人系统中 300kHz 多普勒计程仪周期发射对原始声呐图像的干扰。从连续两帧图像可以看出：干扰周期出现，但是在声呐图像中出现的位置

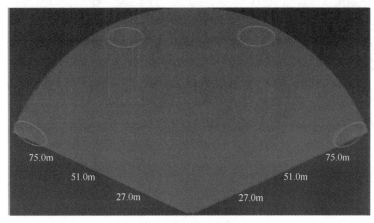

(a) t 时刻的原始声呐图像

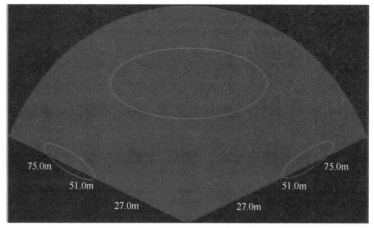

(b) t+1时刻的原始声呐图像

图3.4　存在其他声学设备干扰的原始声呐图像(见书后彩图)

却不同,因此分析该干扰是来源于其他声学设备。去除该干扰的方法很多,例如,采用多波束图像声呐和多普勒计程仪分时工作的方式可以有效避免这样的干扰,但分时工作将减小数据密度,迫不得已不建议使用该方法;也可以通过图像处理方法解决该问题,由于干扰周期出现位置不固定,可以通过连续帧与运算处理的方法去除该噪声干扰。

图 3.5 为水面快艇航过多波束图像声呐视野的原始声呐图像。从图中可以看出快艇航行时会形成尾流,尾流的气泡在声呐图像中显示很明显,强度和快艇目标无异;同时,快艇的航行噪声和流噪声会在声呐某一方位形成连续噪声。图 3.6 为快艇航过后尾流消散的原始声呐图像。从图中可以看出随着尾流消散,图像中的气泡影像也逐渐消散。

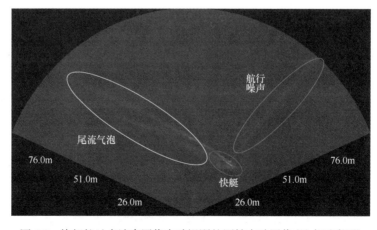

图3.5　快艇航过多波束图像声呐视野的原始声呐图像(见书后彩图)

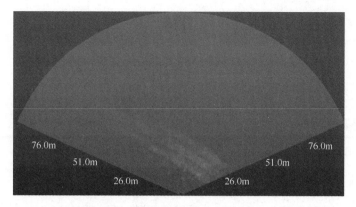

图 3.6　快艇航过后尾流消散的原始声呐图像(见书后彩图)

　　因此，在声呐图像中提取障碍物信息之前，需要分析噪声类型，是否周期性出现、强度分布等情况，根据不同噪声情况采用不同的处理方法。

3.3　声呐图像处理方法

　　声呐图像相对于光学图像具有图像分辨率较低，噪声干扰严重，存在多途现象、旁瓣干扰、多普勒效应等特点，造成图像质量不理想和有效信息匮乏，给声呐图像处理方法带来了很大的困难，声呐图像的处理能初步改善图像效果，是必不可少的处理步骤(常规处理流程见图 3.7)。虽然根据声呐图像与光学图像的共性，可从传统的比较经典的一些数字图像处理方法中总结一些处理声呐图像的原则和方法，声呐图像处理也包含了光学图像处理领域中的滤波、增强、分割、识别等方面；但是由于声呐图像的性质和声呐扫描方式与光学图像有所不同，许多成熟的图像处理技术无法照搬到声学图像处理中。在实际应用中，具体的声呐图像处理方法需要针对不同声呐的图像特点、噪声分布、避障要求和其他传感器干扰而改变，而不是一成不变的，必须经一定改进后应用于声呐图像的分析和处理。因此，目前基于声呐图像的图像处理方法仍没形成一种统一并且适合所有图像声呐的处理方法。

图 3.7　声呐图像处理流程

3.3.1　声呐图像滤波方法

数字图像应用于后期，其噪声是最大的问题，对图像进行滤波处理，主要目的是滤波。从连续的(或离散的)输入数据中滤除噪声和干扰以提取有用信息的过程称为滤波，这是信号处理中经常采用的主要方法之一，具有十分重要的应用价值。科研中常见的滤波方法及其优劣性概括如下。

1. 均值滤波

均值滤波器是一种典型且简单的线性滤波器[1]。均值滤波通过邻域平均来进行滤波，它是指在图像上对目标像素给一个模板，该模板包括了其周围的临近像素(以目标像素为中心的周围 8 个像素构成一个滤波模板，即去掉目标像素本身)，再用模板中全体像素的平均值来代替原来像素值。均值滤波对抑制高斯噪声有很好的效果。一幅 $M \times N$ 的图像经过一个 $m \times n$ (m, n 为奇数)的加权平均滤波，其滤波的过程如式(3.3)所示。

$$f(x,y) = \frac{\sum\limits_{s=-a}^{a}\sum\limits_{t=-b}^{b} w(s,t)f(x+s,y+t)}{\sum\limits_{s=-a}^{a}\sum\limits_{t=-b}^{b} w(s,t)} \tag{3.3}$$

式中，$m = 2a+1$; $n = 2b+1$; $x = 0,1,2,\cdots,M-1$; $y = 0,1,2,\cdots,N-1$。

均值滤波对于尖锐的脉冲噪声滤除效果较好，但由于轮廓边缘信息表现为灰度值的尖锐变化，所以均值滤波在一定程度上会造成边缘模糊，破坏部分图像细节信息，从而使图像变得模糊，不能很好地去除噪声点。

2. 中值滤波

中值滤波器是统计排序滤波器中使用最多的一种滤波器。中值滤波是一种非线性滤波方法，它是将某一像素点领域灰度的中间值替代该点原灰度值来进行滤波。虽然中值滤波对随机噪声的抑制能力较均值滤波略差，但其对于是相距较远的窄脉冲滤波效果良好，因此中值滤波器的使用也非常普遍。

二维图像进行中值滤波时，首先需要确定模板，常用的模板形状包括矩形、圆形及十字形，一般稍大的模板尺寸去噪效果好，但会造成边缘模糊；而小模板在一定程度上能改善边缘模糊，但其去噪效果稍差。模板选择好以后，用模板遍历扫描整幅图片，二维图像中值滤波过程如式(3.4)所示。

$$g(x,y) = \text{median}\{f(m,n), (m,n) \in S\} \tag{3.4}$$

式中，(x,y) 为模板中心对应像素点坐标；$f(m,n)$ 为模板覆盖范围 S 内各像素对应灰度；median{···} 表示按大小排序取中间值操作；$g(x,y)$ 为中值滤波输出。

中值滤波对脉冲噪声有良好的滤除作用，特别是在去除椒盐噪声时，能够保护信号的边缘，使之不被模糊。这些优良特性是线性滤波方法所不具有的。此外，中值滤波的算法比较简单，也易于用硬件实现。在实际应用中，随着所选窗口长度的增加，滤波的计算量将会迅速增加。因此，寻求中值滤波的快速算法是中值滤波理论的一个重要研究内容。中值滤波的快速算法，一般采用下述三种方式：①直方图数据修正法；②样本值二进制表示逻辑判断法；③数字和模拟的选择网络法。

3. 高斯滤波

高斯滤波实质上是一种典型线性平滑滤波，其用途为信号的平滑处理，适用于消除高斯噪声，广泛应用于图像处理的减噪过程。数字图像应于后期，其噪声是最大的问题，因为误差会累计传递等原因，大多数图像处理教材会在前期时候介绍高斯滤波器，用于得到信噪比 SNR 较高的图像(反映真实信号)。高斯平滑滤波器对于抑制服从正态分布的噪声非常有效。它用像素邻域的加权平均来代替该点的像素值，但其邻域像素点的加权值随着该点与中心点的距离单调减小，加权值由高斯函数的形状来选择确定。

高斯滤波的具体操作是：用一个用户指定的模板(或称卷积、掩模)去扫描图像中的每一个像素，用模板确定的邻域内像素的加权平均灰度值去替代模板中心像素点的值，即高斯滤波就是对整幅图像进行加权平均的过程。

一维高斯分布：

$$G(x) = \frac{1}{\sqrt{2\pi}\sigma} e^{-\frac{x^2}{2\sigma^2}} \tag{3.5}$$

二维高斯分布：

$$G(x) = \frac{1}{\sqrt{2\pi}\sigma^2} e^{-\frac{x^2+y^2}{2\sigma^2}} \tag{3.6}$$

如果采用高斯滤波器，系统函数为平滑的，避免了振铃现象。

4. 维纳滤波

维纳滤波器是一种自适应最小均方差滤波器，基于最小均方误差准则对平稳过程进行最优估计。维纳滤波器的输出与期望输出之间的均方误差为最小，因此，它是一个最佳滤波系统，可用于提取被平稳噪声污染的信号。

维纳滤波的基本原理是：设观察信号 $y(t)$ 含有彼此统计独立的期望信号 $x(t)$ 和白噪声 $\omega(t)$，可用维纳滤波从观察信号 $y(t)$ 中恢复期望信号 $x(t)$。设线性滤波器的冲击响应为 $h(t)$，此时其输入 $y(t)$ 为 $y(t) = x(t) + \omega(t)$，输出为

$$x'(t) = \int_0^\infty h(\tau)y(t-\tau)\mathrm{d}\tau \tag{3.7}$$

从而，可以得到输出 $x'(t)$ 对 $x(t)$ 期望信号的误差为

$$\varepsilon(\tau) = x'(t) - x(t) \tag{3.8}$$

其均方误差为

$$\overline{\varepsilon^2(t)} = E[x'(t) - x(t)] \tag{3.9}$$

用数学方法求最小均方误差时，采用线性滤波器的冲击响应 $h_{\mathrm{opt}}(t)$ 可得

$$R_{yx}(\tau) - \int_0^\infty R_{yy}(\tau-\sigma)h_{\mathrm{opt}}(\sigma)\mathrm{d}\sigma = 0, \quad \tau \geqslant 0 \tag{3.10}$$

式中，$R_{yx}(\tau)$ 为 $y(t)$ 与 $x(t)$ 的互相关函数；$R_{yy}(\tau-\sigma)$ 为 $y(t)$ 的自相关函数。

方程(3.1)～方程(3.10)称为维纳-霍夫(Wiener-Hopf)方程。求解维纳-霍夫方程可以得到最佳滤波器的冲击响应 $h_{\mathrm{opt}}(t)$。在一般情况下，求解上述方程是有一定困难的，因此这在一定程度上限制了这一滤波理论的应用。然而，维纳滤波对滤波和预测理论的开拓，深刻影响了这一领域的发展[2]。

维纳滤波器的优点是适应面较广，平稳随机过程无论是连续的还是离散的，是标量的还是向量的，都可应用。对某些问题，还可求出滤波器传递函数的显式解，并进而采用由简单的物理元件组成的网络构成维纳滤波器。维纳滤波器的缺点是，要求得到半无限时间区间内的全部观察数据的条件很难满足，同时它也不能用于噪声为非平稳的随机过程的情况，对于向量情况应用也不方便。并且由于维纳滤波器的计算具有一定复杂性，不太适合实时处理数据量较大的图像，同时维纳滤波对椒盐噪声的去除效果不如中值滤波，因此，维纳滤波在实际问题中应用不多。

5. 开关中值滤波算法

处理噪声较大的声呐图像时传统的滤波方法很难做到既去除图像噪声又保护图像细节，滤波处理在抑制图像噪声和保护细节两方面存在一定的矛盾。以中值滤波为例，当滤波窗口较小时能较好地保护图像中的细节信息，但去除噪声的能力受到限制；当滤波窗口增大时可增强噪声的抑制能力，但对图像的细节信息的保留能力下降。因此可采用开关中值滤波算法兼顾抑制图像噪声和保护细节。开关中值滤波算法的基本思想是先把含有噪声的图像中的噪声点分离出来，然后只对这些噪声点做标准中值滤波处理。它与前面描述的标准中值滤波和加权中值滤波这两种算法不同，后面的这两种方法对范围内所有的像素点都进行了处理，这就使得不论是噪声点还是非噪声点都被做滤波处理，使得那些不是噪声点的信号也被误认成噪声点加以处理，然而本节这种滤波算法在滤波的时候是把将图像中的信号点和噪声点加以区分，忽略那些信号点而只对那些噪声点做滤波处理，从

而达到了更好保留图像的细节信息的目的。如何判断出图像中的像素点是一个关键的问题，该算法判断像素点是否为噪声点是通过预先设定的阈值来判断的。通常情况下，采用单阈值检测噪声的方法。如果要检测的这个像素值大于设定的阈值就作为噪声点，反之则作为正常的信号点。该算法具体的检测步骤如下。

（1）用 $F(i,j)$ 来表示一幅图像，其中，像素灰度值的最大值为 $\max(F(i,j))$，最小值为 $\min(F(i,j))$。使用模板 H 对图像进行滑动覆盖，模板 H 的中心像素灰度值是 $A(i,j)$，模板 H 采用3×3的窗口，这个窗口内的所有的像素值构成的集合为

$$A_H(i,j)=\left\{A(i+k,j+r)\,|\,k,r=-1,0,1\right\} \tag{3.11}$$

（2）求出 3×3 窗口内的所有像素的平均值 $\mathrm{median}(A_H(i,j))$，用 T_{ij} 来表示阈值。

（3）符合以下规则的被视为噪声点：

① 如果 $A(i,j)=\min(F(i,j))$，那么像素点 $A(i,j)$ 被视为噪声点；

② 如果 $A(i,j)=\max(F(i,j))$，那么像素点 $A(i,j)$ 被视为噪声点；

③ 如果 $|A(i,j)-\mathrm{median}(A_H(i,j))|\leqslant T_{ij}$，那么像素点 $A(i,j)$ 被视为噪声点。

符合以上三条规则的像素点 $A(i,j)$，做噪声标记——$N(i,j)=1$；不符合的，做非噪声点标记——$N(i,j)=0$。

（4）将包含有噪声的声呐图像经过以上的步骤检测判断之后，对图像中的噪声点做标准中值滤波处理。

通过开关中值滤波算法对多波束前视原始声呐图像进行处理，原始声呐图像如图 3.8(a) 所示，滤波处理后的结果如图 3.8(b) 所示。

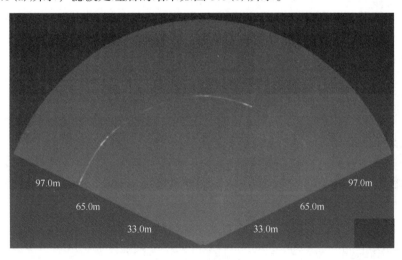

(a) 原始声呐图像

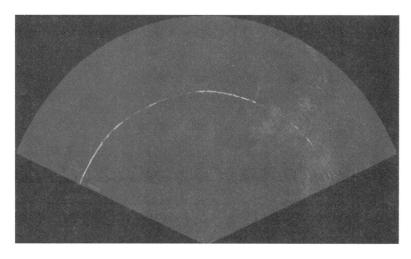

(b) 滤波处理后的声呐图像

图 3.8　原始声呐图像和滤波处理后的声呐图像(见书后彩图)

6. 可跟踪性算法

有很多声呐图像的噪声部分为复杂、密集的纹理噪声，目标区域边缘性较差但具有一定结构性。可以利用声呐图像序列(即连续帧的声呐图像)的优势，根据纹理和结构在不可跟踪程度上的差异进行声呐图像的滤波。可跟踪性是用于描述图像序列复杂程度的概念，它反映了跟踪图像序列元素的不确定性和不可跟踪性。所以，我们拟采用这个概念分析声呐图像序列中的可跟踪和不可跟踪的成分，检测到视频中的可跟踪区域，即为目标区域。可跟踪性根据熵的概念，定义如下：

$$H\left(u\middle|I_{(t)},I_{(t-1)}\right)=-\sum p(u,I_{(t)},I_{(t-1)})[\lg p(u,I_{(t)},I_{(t-1)})] \tag{3.12}$$

式中，$I_{(t)}$ 为视频中的第 t 帧图像；u 为对应图像的表示；$p(\cdot)$ 为先验概率，一般可以用两个图像元素的距离和高斯核计算。

针对声呐图像的特点，声呐图像的不同区域将会有不同的可跟踪性值。角点的可跟踪性值一般最低，边缘或脊的可跟踪性值居中，纹理噪声区域可跟踪性值最高。所以，以高斯噪声和白噪声为主的背景区域可跟踪性的值接近 1，目标区域的值远小于 1。由此可有效抑制和滤除噪声杂波的影响，并保留目标，提高目标检测的精度和准确率。通过可跟踪性算法对多波束前视原始声呐图像进行处理，处理结果如图 3.9 所示。

虽然本节具体分析了很多声呐图像滤波处理算法，但声呐图像噪声复杂，必须先根据声呐图像特点设计符合声呐图像特点的滤波方法，只有这样才能确保后期的障碍物特征提取的精度和准确率。

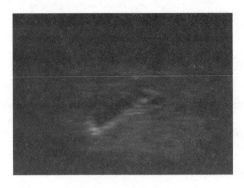

(a) 原始声呐图像　　　　　　　　　　　(b) 可跟踪性算法处理后的声呐图像

图 3.9　原始声呐图像和可跟踪性算法处理后的声呐图像(见书后彩图)

3.3.2　声呐图像分割

图像分割就是把图像具有相似性质的事物加以分类并提取出来的技术和过程，其目的是将障碍目标从声呐噪声背景中分离处理，是图像处理到图像分析的过渡，分割的效果在很大程度上将影响后续的图像理解。在目标识别过程中，图像分割较为重要，因为只有在目标较完整地从背景中分割后，才能对其进行准确的识别和分类。

目前科学研究中的分割算法层出不穷，Guillaudeux 等[3]采用模糊 c 均值聚类对图像进行软分割，并利用直方图自适应地选择初始阈值。田杰等[4]利用分形思想模拟自然物体，然后用阈值检测目标。O'Callaghan 等[5]提出了基于非下采样 Contourlet 变换和分水岭算法的图像分割算法，该方法既能得到较好的分割效果，又能有效减轻分水岭算法的过分割现象。哈尔滨工程大学叶秀芬等[6]提出了一种基于改进马尔可夫随机场(Markov random field，MRF)参数模型的声呐图像分割算法，该算法利用区域标记法去除了分割后所含有的一些孤立区。哈尔滨工程大学水声技术重点实验室卞红雨等[7]针对传统的单阈值方法不能根据水声图像亮区、暗区和混响区获得相应区域的问题提出一种基于修正的灰度-梯度二维直方图的最大熵分割算法，该算法能够根据需要提取出感兴趣的区域。但由于声呐图像的整体亮度不定，其亮度不仅会随声呐增益的设定而改变，还会受到成像环境的影响，目前基于声呐的水声图像的处理还处于研究阶段，至今还没有形成一个比较统一并且被大家公认的分割算法。而经典的模糊聚类分割算法存在对噪声敏感、运算成本高及对边缘数据处理较差等缺点，影响其应用。科研中常见的图像分割算法及其优劣性概括如下。

1. 改进 Otsu 分割算法

k 均值模糊聚类分割的核心思想是最小化类内方差，而最小化类内方差在一定程度上等同于最大化类间方差，Otsu 分割算法又称为大律法阈值分割算法，就是一种典型的最大化类间方差的算法。原理如下[8]。

首先，令 $\{0, 1, 2, \cdots, X-1\}$ 表示一幅 $M \times N$ 像素图像中的 X 个灰度级，$g(i)$ 为灰度值为 i 的像素个数，则每一灰度级所占的比例为

$$p(i) = \frac{g(i)}{M \times N} \tag{3.13}$$

设分割阈值为 τ，则背景和目标的概率分别为

$$w_0(\tau) = \sum_{i=0}^{\tau} p(i) \tag{3.14}$$

$$w_1(\tau) = 1 - w_0(\tau) \tag{3.15}$$

背景和目标区域的灰度均值分别为

$$\mu_0(\tau) = \frac{\sum_{i=0}^{\tau} ip(i)}{w_0(\tau)} \tag{3.16}$$

$$\mu_1(\tau) = \frac{\sum_{i=\tau+1}^{X-1} ip(i)}{w_0(\tau)} \tag{3.17}$$

图像总灰度均值为 $\mu = w_0\mu_0 + w_1\mu_1$，类间方差为

$$\varphi(\tau) = w_0(\tau)[\mu_0(\tau) - \mu]^2 + w_1(\tau)[\mu_1(\tau) - \mu]^2 \tag{3.18}$$

则最佳灰度阈值为

$$\tau^* = \max_{0 \leqslant \tau \leqslant X} \varphi(\tau) \tag{3.19}$$

确定最佳灰度阈值之后做二值化处理，将灰度大于 τ^* 的点灰度置为 255，小于 τ^* 的点灰度置为 0。对原始声呐图像进行多次运行测试，测试得到的传统 Otsu 分割算法平均运行时间为 200ms 左右，效率较高。但对于图像直方图无明显双峰的情况，Otsu 分割效果不佳，声呐图像直方图呈单峰状且灰度级低的点较多，使用传统 Otsu 分割算法很容易造成阈值选择过低，导致分割结果不理想，传统 Otsu 分割的效果较差。基于阈值的分割算法只能得到一个粗糙的分类。阈值分割虽然速度非常快，但是稳定性非常差。不仅很难自适应地选择合适的阈值，而且分割出的区域含有很多"空洞"和"噪声"。因此不能采用单一的固定阈值进行分割，需要对图像进行一定的分析判断后确定阈值。

由于传统 Otsu 分割效果不佳，很多研究学者对其改进使其更适用于声呐图像分割，在考虑类间方差的同时引入类内方差，类内差小意味着类中的各元素相似性大，定义如下：

$$\overline{\delta_0^2(\tau)} = \frac{1}{w_0(\tau)} \sum_{0 \leqslant i \leqslant \tau} \left[i - \mu_0(\tau) \right]^2 p(i) \tag{3.20}$$

$$\overline{\delta_1^2(\tau)} = \frac{1}{w_1(\tau)} \sum_{\tau \leqslant i \leqslant X-1} \left[i - \mu_1(\tau) \right]^2 p(i) \tag{3.21}$$

为了获得更佳的分割效果，使用类间方差与类内方差提出了新的阈值求取公式，但此方法运用于声呐图像依然存在阈值偏低的缺陷。因此可对传统 Otsu 分割算法分得的两类分别计算其类内方差，再对类内方差大的类再次进行分割。由于多次分割迭代次数较传统 Otsu 分割算法有所增多，可能导致算法的时间复杂度增高，因此此处考虑使用局部分割法，即只对图像中的感兴趣区域进行分割，其他像素点灰度直接置零。

多次分割关键之一是如何确定分割次数 k，而设定固定的分割次数 k 对不同图像的分割并不具有普适性，但无限制的循环寻求最佳阈值又会导致效率下降，因此需要对分割次数做限定。假设通过改进 Otsu 分割算法对图像进行了 k 次分割，通过 $\tau_1, \tau_2, \tau_3, \cdots, \tau_k$ 这 k 个阈值将图像分为 $k+1$ 类，每类概率分别 $w_0, w_1, w_2, \cdots, w_k$，每类灰度均值分别 $u_1, u_2, u_3, \cdots, u_k$，定义类间方差为

$$\varphi(\tau_1, \tau_2, \cdots, \tau_k) = w_0(\tau)\left[\mu_0(\tau) - \mu\right]^2 + w_1(\tau)\left[\mu_1(\tau) - \mu\right]^2 + \cdots + w_k(\tau)\left[\mu_k(\tau) - \mu\right]^2$$

则最佳灰度阈值为

$$\left(\tau_1^*, \tau_2^*, \cdots, \tau_k^*\right) = \max_{0 \leqslant \tau < X} \varphi\left(\tau_1^*, \tau_2^*, \cdots, \tau_k^*\right) \tag{3.22}$$

由于 $\max\varphi$ 越大说明分割效果越好，因此将取最佳灰度阈值时的 $\max\varphi$ 作为判别函数来确定分割次数 K。经过改进 Otsu 分割算法的图像目标清晰，干扰较小，结果可以用于后续跟踪识别。

2. 基于 ICM 图像分割算法

交叉皮层模型(intersecting cortical model，ICM)由 Kinser 在脉冲耦合神经网络(pulse coupled neural network，PCNN)的基础上提出[9]，专为图像处理而设计。PCNN 模型的设计主要参考 Eckhorn 大脑皮层神经元模型，而 ICM 参考了 Hodgkin-Huxley 模型、FitHugh-Nagumo 模型及 Eckhorn 模型，是这些模型特性交叉的结果。ICM 具有与 PCNN 相似的性质，即同步脉冲发放，同样地，在图像处理中，可以先利用此特性，与其他方法结合对图像进行相应的预处理。同时，ICM 可以看成

是对 PCNN 方程简化后的模型，而与 PCNN 相比，ICM 具有自身的显著特点，即运算效率高、实时性强、系统成本低、可快速而有效地提取图像的特征。

神经元模型 ICM[10]如图 3.10 所示，该模型大致由三个部分组成，即两个耦合过程(反馈耦合和阈值耦合)与一个非线性决策函数。

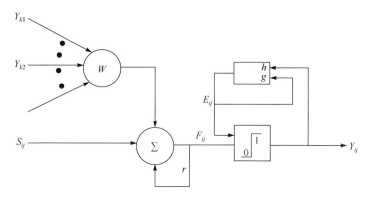

图 3.10　神经元模型 ICM

其数学表达式如下：

$$F_{ij}[n+1] = fF_{ij}[n] + S_{ij} + W\{Y\}_{ij} \tag{3.23}$$

$$Y_{ij}[n+1] = \begin{cases} 1, & F_{ij}[n+1] > E_{ij}[n] \\ 0, & 其他 \end{cases} \tag{3.24}$$

$$E_{ij}[n+1] = gE_{ij}[n] + hY_{ij}[n+1] \tag{3.25}$$

在 ICM 的数学表达式中，F_{ij} 表示神经元的内部状态，S_{ij} 是外部激励项，函数 $W\{Y\}_{ij}$ 表示周围其他神经元对该神经元的影响程度和方式，E_{ij} 是阈值项。Y_{ij} 是 ICM 脉冲输出，由它表示神经元的点火状态。f 和 g 分别为反馈功能单元 F_{ij} 和阈值功能单元 E_{ij} 的衰减系数，其大小决定着 F_{ij} 和 E_{ij} 的衰减速度，一般地 $g < f < 1$。

由式(3.23)～式(3.25)可知，ICM 包含三个方程，每个皮层神经元有两个振荡器方程、一个非线性操作方程。当神经元接收到外界的激励时，每个神经元产生一个脉冲序列，同时，会激发与其局部关联的神经元同步发放同步脉冲，由此，每个神经元可以"捕获"与其相邻的具有相似特性的神经元。当输入激励为图像时，每一个神经元对应一个像素，像素的灰度值即神经元的外部激励。此时这些神经元就能够产生一系列脉冲图像，它携带了输入图像的特征信息。

采用 ICM 对数字图像进行图像分割，目的其实是根据某些特征将一幅图像分成若干"有意义"的互不交叠的区域，使得这些特征在某一区域内表现一致或相似，而在不同区域间表现出明显的不同。当 ICM 进行图像分割时，由于具备脉冲传播特性，当某一像素点对应的神经元点火时，将会发放脉冲，若某神经元亮度值与该神经元相似，并且位置也相近，则同时发放同步脉冲。最终，具备相似特性的神经元在图像中对应显示的像素灰度也相似。当 ICM 输入一幅数字图像时，其输出的脉冲输出序列 Y_{ij} 含有图像的区域、边缘、纹理等特征信息，这样脉冲序列 Y_{ij} 构成了 ICM 分割后的二值图像。

3. 基于马尔可夫模型分割算法

马尔可夫模型（Markov model）是一种统计模型，广泛应用在图像识别、语音识别、词性自动标注、音字转换、概率文法等各个自然语言处理应用领域。经过长期发展，尤其是在语音识别中的成功应用，使它成为一种通用的统计工具。

基于统计分析的图像分割的典型思路可以用统计物理的语言描述如下。

用 X 表示待分割的图像（也称不完全数据），L 是真实的标签场，随机场的耦合 $O=(L,X)$（也称完全数据）。$S=\{s\}_{1,2,\cdots,M\times N}$ 表示各个像素的坐标，像素值 $X_s \in \{0,2,\cdots,255\}$，标签 $L_s \in \{e_0,e_1,e_2\}$ 分别表示声呐图像阴影、回声和海底混响。则 O 的分布函数为

$$P_{L,X}(l,x)=P_L(l)P_{X/L}(x/l) \tag{3.26}$$

如果属于同一类的像素之间相互独立，则

$$P_{X/L}(x/l)=\prod_s P_{X_s/L_s}(x_s/l_s) \tag{3.27}$$

标签场 L 本身没有解析的表达式。但是如果 L 的先验分布 $P_L(l)$ 具有马尔可夫性，则可以用 Gibbs 分布去逼近（Hammersley-Clifford 定理），即

$$P_L(l)=\frac{1}{Z}e^{-\beta H_l} \tag{3.28}$$

式中，Z 是配分函数；β 是系统温度的倒数；H_l 是配置为 l 系统的交互能，

$$H_l=\sum_i \sum_{j\in R_i} J_{ij}\phi(l_i,l_j) \tag{3.29}$$

如果进一步对交互函数和类条件函数（Weibull 分布）做出如下假设：

$$\phi(l_i,l_j)=1-\delta(l_i,l_j) \tag{3.30}$$

$$P_{X_s/L_s}(x_s/l_s) = \frac{C_s}{\alpha_s}\left(\frac{x_s - \min_s}{\alpha_s}\right)^{C_s-1} e^{-\left(\frac{x_s - \min_s}{\alpha_s}\right)^{C_s}} \tag{3.31}$$

则 O 的分布函数式可写为

$$P_{L,X}(l,x) = \frac{1}{Z}e^{-\beta\sum_i\sum_{j\in R_i}J_{ij}\left[1-\delta(l_i,l_j)\right]}\prod_s\frac{C_s}{\alpha_s}\left(\frac{x_s - \min_s}{\alpha_s}\right)^{C_s-1}e^{-\left(\frac{x_s - \min_s}{\alpha_s}\right)^{C_s}} \tag{3.32}$$

式中，R_i 为 i 的邻域。

图像分割的目标是使得标签场的后验概率最大。根据贝叶斯规则，可以写出如下目标函数：

$$\arg\max P_{L/X}(l/x) \Leftrightarrow \arg\max \frac{P_L(l)P_{X/L}(x/l)}{P_X(x)} \Leftrightarrow \arg\max \ln\left[P_{L,X}(l,x)\right]$$

$$\Leftrightarrow \arg\max -\beta\sum_i\sum_{j\in R_i}J_{ij}\left[1-\delta(l_i,l_j)\right]$$

$$+ \sum_s\left[\ln\left(\frac{C_s}{\alpha_s}\right) + (C_s - 1)\ln\left(\frac{x_s - \min_s}{\alpha_s}\right) - \left(\frac{x_s - \min_s}{\alpha_s}\right)^{C_s}\right] \quad . \tag{3.33}$$

目标函数的最优化一般是迭代法。但是前提条件是先估计模型中的噪声参数 $\{C_s, \alpha_s, \min_s\}$ 和先验参数 $\{J_{ij}, \beta\}$。如果将 β 吸收进 J_{ij}，则参数集简化为 $\{C_s, \alpha_s, \min_s, J_{ij}\}$。对于不同的邻域系统，可以定义不同的 $\{J_{ij}\}$ 集合。

如何无监督地学习模型的参数呢？可利用卷积神经网络对子采样图像集进行初步分类，进而对目标区域进行定位，最后对各个子分区的参数进行初步估计。

伊辛模型（Ising model）是一类描述物质相变的随机过程（stochastic process）模型。物质经过相变，要出现新的结构和物性。发生相变的系统一般是在分子之间有较强相互作用的系统，又称合作系统。对伊辛模型进行多态扩展，就得到了 Potts-MRF 模型。

此时的能量函数为

$$U(l) = -\beta\sum_{\langle i,j\rangle}\delta(l_i - l_j) \tag{3.34}$$

$$P_L(l) = \frac{1}{Z}e^{U(x)} = \frac{1}{Z}e^{-\beta\sum_{\langle i,j\rangle}\delta(l_i - l_j)} \triangleq \frac{1}{Z}e^{-\beta N(l)} \tag{3.35}$$

式中，$N(l)$ 表示图像 L 中一致基团的数目。

由于 Potts-MRF 与 Ising-MRF 的原理相似，为了防止重复，这里只考虑已知标签分布时的先验参数估计问题。如果进一步假设类条件概率密度的形式，可以类似利用贝叶斯规则得到后验概率，并通过最大似然估计求取最大值。

如果已知标签场 $\hat{l}$，此时可以直接对先验分布 $P_L(l)$ 求取先验参数 β 的导数：

$$\frac{\partial}{\partial \beta} \log P_L(\hat{l}) = \frac{\partial}{\partial \beta} \left[\beta N(\hat{l}) - \log Z \right] = N(\hat{l}) - \frac{Z'}{Z} \triangleq 0 \qquad (3.36)$$

由于

$$\frac{Z'}{Z} = \frac{\sum\limits_{l} N(l) \mathrm{e}^{-\beta N(l)}}{Z} = \sum\limits_{l} N(l) P(l) = \langle N(l) \rangle \qquad (3.37)$$

得到

$$N(\hat{l}) = \langle N(l) \rangle \qquad (3.38)$$

4. k 均值模糊聚类分割算法

模糊聚类分割是根据被研究数据间的模糊相似关系,把图像具有相似性质的事物加以分类并提取出来的技术和过程。k 均值模糊聚类分割算法是一种典型的聚类算法,被广泛应用于数据集的处理,其思想是将 n 个数据对象合理地划分为 k 个类,使类内聚拢、类间疏散。采用均方差作为相似度测度函数。首先任意选择 k 个对象作为初始聚类中心;然后找到其最近的聚类中心,并将其分配到距离最近的类中,然后循环进行聚类过程直到中心不再改变,采用均方差作为相似度测度函数。k 均值模糊聚类分割算法流程图如图 3.11 所示,主要包括:

(1)确定聚类数目 k,任意选择 k 个对象作为初始聚类中心。

(2)对于每个像素样本,找到其最近的聚类中心,并将其分配到距离最近的类中,聚类中心表示为

$$\sum_{i=1}^{n} \min_{j \in \{1,2,\cdots,k\}} \left\| x_i - p_j \right\|^2 \qquad (3.39)$$

式中,k 为聚类中心个数;x_i 为第 i 样本点;p_j 为第 j 个聚类中心值。

(3)重新计算更新每类的新聚类中心,不断重复迭代直至目标函数式达到最小值即聚类中心不再改变为止。目标函数式为

$$J = \sum_{i=1}^{n} \sum_{j=1}^{n} \left\| X_j - v_i \right\|^2 \qquad (3.40)$$

在进行 k 均值模糊聚类分割之前需要确定两个参数:最优聚类数目及初始聚类中心灰度。聚类结果的好

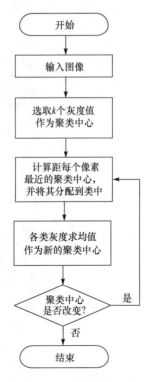

图 3.11 k 均值模糊聚类分割算法流程

坏可以通过聚类有效性指标来评价，也可将聚类有效性指标确定的最优聚类结果对应的聚类数目作为最优聚类数目，确定最优聚类数目的一般过程为：先给定聚类数目范围$[k_{min}, k_{max}]$；对此范围内聚类数目依次计算其聚类有效性；指标最佳的聚类数即为最优聚类数目。初始聚类中心灰度的确定则采取均分原则，即图像灰度范围为 0~255，若聚类数目为 2，则初始聚类中心为(85, 170)，若聚类数目为 4，则初始聚类中心为(51, 102, 153, 204)。

目前可以评价 k 均值模糊聚类的指标包括：平均 Silhouette(Sil)指标、Davies-Bouldin(DB)指标、Calinski-Harabasz(CH)指标、Krzanowski-Lai(KL)指标等。其中，平均 Sil 指标计算较简便且性能稳定，其计算公式如下：

$$Sil(i) = \frac{b(i) - a(i)}{\max\left(b(i), a(i)\right)} \tag{3.41}$$

式中，$a(i)$ 为类中某个像素 i 的与此类中其他像素的平均像素差；$b(i)$ 为像素 i 到其他类中各像素的平均像素差的最小值。对图像所有像素计算其平均 Sil 指标，取其平均值作为评价聚类结果的依据，平均值越大效果越好。

以滤波处理后的声呐图像为聚类原始声呐图像［图 3.12(a)］，进行上述 k 均值模糊聚类处理，处理结果如图 3.12(b)所示，处理时间平均 800ms 左右。

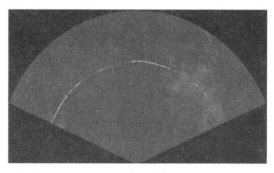

(a) 滤波处理后的声呐图像

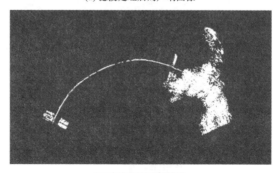

(b) 聚类处理后的结果

图 3.12　滤波处理后的声呐图像和聚类处理后的结果(见书后彩图)

k 均值模糊聚类算法采用的是无监督学习，使用 k 均值模糊聚类分割可以取得不错的效果，但是在确定最优聚类数目和初始聚类中心灰度两个参数上需要耗费大量的时间及系统资源，分割完所需要的时间如果超出图像序列更新速度，则对软件算法的效率造成了较大影响。

5. 基于 C-V 模型的分割算法

T. F. Chan 和 L. A. Vese 提出了一种基于 Mumford-Shah 模型的简化模型，即 C-V 模型。大多数图像分割模型都是通过依赖图像梯度的停止项来完成分割的，而大多数经过去噪后的图像的边缘都会被弱化，如具有图像平滑效果的高斯滤波去噪，故这些模型在检测图像梯度时往往会越过图像边界而发生边缘泄露现象。而 C-V 模型由于利用了图像的全局信息，因此是一个不依赖图像梯度的分割模型。下面介绍 C-V 模型的原理。

C-V 模型是一个分段模型，假设图像由两个分段的灰度区域组成，内部区域的灰度值为 u_0^i，外部区域的灰度值为 u_0^o，并假设目标在区域内部，且目标边界为 C_0，在 C_0 的内部区域有 $u_0 \approx u_0^i$，在 C_0 的外部区域有 $u_0 \approx u_0^o$，考虑下面的能量函数：

$$\mathrm{Fit}(C) = \iint\limits_{\mathrm{inside}(C)} |u_0 - c_1|^2 \, \mathrm{d}x\mathrm{d}y + \iint\limits_{\mathrm{outside}(C)} |u_0 - c_2|^2 \, \mathrm{d}x\mathrm{d}y \tag{3.42}$$

式中，C 是任意一条变化的曲线；c_1、c_2 分别为曲线 C 内部区域和外部区域的灰度均值。当曲线 C 在两个区域的边界时，能量函数才能达到最小。C-V 模型的水平集表达如下。

设图像平面上的点 (x,y) 满足 $(x,y) \in \Omega \in \mathbf{R}^2$，轮廓曲线 C 为水平集函数 $\phi(x,y,z)$：$\mathbf{R}^2 \times t \to \mathbf{R}$ 的零水平集，定义如下。

$$\begin{cases} C = \left\{(x,y) \in \mathbf{R}^2 : \phi(x,y,z) = 0\right\} \\ \mathrm{inside}(C) = \left\{(x,y) \in \mathbf{R}^2 : \phi(x,y,z) > 0\right\} \\ \mathrm{outside}(C) = \left\{(x,y) \in \mathbf{R}^2 : \phi(x,y,z) < 0\right\} \end{cases} \tag{3.43}$$

为了将能量函数用水平集函数 ϕ 来表达，引入赫维赛德 (Heaviside) 函数 H 和狄利克雷 (Dirichlet) 函数 δ，其表达式如下。

$$H(z) = \begin{cases} 1, & z \geqslant 0 \\ 1, & z < 0 \end{cases} \tag{3.44}$$

$$\delta(z) = \frac{\mathrm{d}}{\mathrm{d}z} H(z) \tag{3.45}$$

因此，待分割图像 u_0 可表示为

$$u_0 = c_1 H(\varphi) + c_2[1 - H(\varphi)] \tag{3.46}$$

则能量函数的表达式可改写为

$$\text{Fit}(\phi, c_1, c_2) = \iint_\Omega (u_0 - c_1)^2 H(\phi)\mathrm{d}x\mathrm{d}y + \iint_\Omega (u_0 - c_2)^2[1 - H(\phi)]\mathrm{d}x\mathrm{d}y \tag{3.47}$$

由于分割对象是水下障碍目标，在声呐图像中，水下障碍目标附近可能会遮挡产生的声影区，这个特征是声呐图像中所特有的，因此可以作为分割特征加入 C-V 模型中。

加入形状约束的水平集函数，首先将障碍目标的矩形特征加入 C-V 模型。由于规则形状（如矩形）在演化过程中具有不稳定性，因此不要直接采用矩形作为形状约束条件，而是采用超椭圆曲线来逼近矩形。

超椭圆是以椭圆为基础扩大指数取值范围而扩展成的一族曲线。标准超椭圆的表达式为

$$\left(\frac{x^2}{a^2}\right)^s + \left(\frac{y^2}{b^2}\right)^s = 1 \tag{3.48}$$

式中，a、b、s 均为大于零的实数。从上述方程可以看出，超椭圆是在相应的椭圆方程中，通过允许 x 和 y 项的指数 s 变化，而得到一系列的封闭曲线。图 3.13 为几种典型的超椭圆曲线。

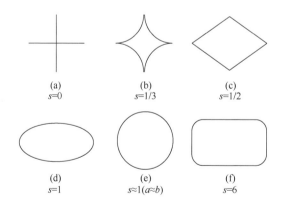

图 3.13　几种典型的超椭圆曲线

当 $s \to \infty$ 时，超椭圆成为矩形，但从图 3.13 可以看出，当 $s=6$ 时，超椭圆已经基本成为矩形，只是在转角处有轻微的曲线过渡，这并不影响对水下障碍目标的分割，因此可以用来作为水下障碍目标分割的形状约束条件。

综合考虑声呐图像中障碍目标的具体形状和实现时的算法复杂程度,采用 $s=2$ 的超椭圆曲线,然后加入平移、缩放和旋转条件,则加入形状约束的水平集函数为

$$\phi = 1 - \left\{ \frac{[(x-x_0)\cos\theta + (y-y_0)\sin\theta]^4}{a^4} + \frac{[-(x-x_0)\sin\theta + (y-y_0)\cos\theta]^4}{b^4} \right\} \quad (3.49)$$

式中, (x,y) 为超椭圆中心的坐标; a、b 分别为超椭圆的长轴和短轴; θ 为超椭圆的旋转角度。

原始 C-V 模型的能量函数分为两项,内部项使曲线内部的灰度方差达到最小,外部项使曲线外部的灰度方差达到最小,因此在含有水下障碍的声呐图像中的演化结果是曲线包围水下障碍目标,而水下障碍的阴影区域被当作背景区域处理。这种方法没有把阴影区域作为水下障碍目标的特征加以利用,在寻找水下障碍目标时会导致找到疑似目标的区域而出现虚警的现象。为解决这个问题,我们把声影区作为水下障碍的另一个特征加入 C-V 模型中。

在声呐图像中,从整体的灰度分布来看,水下障碍目标区域占据灰度较亮的部分,而水下障碍的阴影区域占据灰度较暗的部分,周围环境所呈现的灰度级别位于两者之间,因此水下障碍目标区域和水下障碍阴影区域的灰度差在整幅图像中是最大的。我们把目标区域和阴影区域的灰度差作为另一个内部项加入 C-V 模型的能量函数中,则能量函数改为

$$F(\phi, c_{11}, c_{12}, c_2) = \iint_\Omega (u_0 - c_1)^2 H(\phi)\mathrm{d}x\mathrm{d}y + \iint_\Omega \frac{1}{1+(c_{11}-c_{12})} H(\phi)\mathrm{d}x\mathrm{d}y$$
$$+ \iint_\Omega (u_0 - c_1)^2 [1 - H(\phi)]\mathrm{d}x\mathrm{d}y \quad (3.50)$$

式中, c_{11}、c_{12} 分别为水下障碍目标区域和阴影区域的灰度均值。然而第一项和第二项是有矛盾的,因为要使能量函数达到最小,第一项要求曲线内部区域的方差最小,而第二项又要求曲线内部的目标区域和阴影区域的灰度差最大,这两项不可能同时达到最小,因此式 (3.50) 的能量函数需要修改。引入另外一个水平集函数:

$$\phi_1 = \begin{cases} (x-x_0)\cos\theta + (y-y_0)\sin\theta, & a<b \\ -(x-x_0)\sin\theta + (y-y_0)\cos\theta, & a>b \end{cases} \quad (3.51)$$

当 $\phi_1 = 0$ 时, a 就是超椭圆的长轴,该水平集函数以超椭圆的长轴为零水平集,将整个图像区域分成三个部分,分别为大于零、小于零和等于零的区域。

引入式 (3.51) 的水平集函数后,超椭圆就被以其长轴为界限分为两个区域,让这两个区域分别代表水下障碍目标区域和阴影区域,分别求将超椭圆分开后的

两个区域的方差最小，就可以得到预想的结果了。因此，能量函数为

$$F(\phi,\phi_1,c_{11},c_{12},c_2) = \iint_\Omega (u_0 - c_{11})^2 H(\Phi)H(\phi_1)\mathrm{d}x\mathrm{d}y$$
$$+ \iint_\Omega (u_0 - c_{12})^2 H(\Phi)\left[1 - H(\Phi)\right]\mathrm{d}x\mathrm{d}y$$
$$+ \iint_\Omega \frac{1}{1+(c_{11}-c_{12})} H(\Phi)\mathrm{d}x\mathrm{d}y + \iint_\Omega (u_0 - c_2)^2\left[1 - H(\Phi)\right]\mathrm{d}x\mathrm{d}y \quad (3.52)$$

算法执行步骤如下。

(1) 初始化：给出初始的超椭圆曲线各个参数，得到初始轮廓曲线 C_0，并根据 C_0 计算初始水平集函数 ϕ_0。令 $\phi_0 = \phi^0, n = 0$。

(2) 根据当前的 ϕ^n，计算 c_{11}、c_{12}、c_2 的值。

(3) 根据上述方程微分公式求下一时刻超椭圆曲线各个参数的值，然后计算出下一刻的水平集函数 ϕ^{n+1} 的值。

(4) 重新初始化水平集函数 ϕ^n 并更新轮廓曲线。

(5) 判断水平集函数是否收敛，如收敛则停止迭代，得到最终分割结果。否则，转向 (2)。

图 3.14 是基于 C-V 模型对原始声呐图像进行迭代的结果。从结果可以看出，该方法不会受到图像中海底噪声的影响，可准确地找到待分割的目标。因为把目标的阴影也作为了目标的一部分进行分割识别，因此得到的轮廓线包裹了目标和其阴影区域。并且由于对 C-V 模型的水平集函数加入了形状约束，因此得到的轮廓线是光滑的超椭圆曲线，而且能够准确地包裹水下目标。

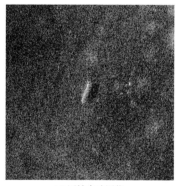 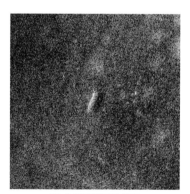

(a) 原始声呐图像   (b) 分割处理后的结果

图 3.14　原始声呐图像和 C-V 模型分割处理后的结果 (见书后彩图)

3.3.3 声呐图像形态学处理方法

形态学处理方法是一种非线性滤波方法，基础是作用于物体形状的非线性算子代数，它在很多方面都要优于基于卷积的线性代数系统[11]。它不仅可以完成诸如减小噪声、边缘检测、目标分割、纹理和形状分析等任务，还应用在数字图像处理中几乎所有的领域。膨胀和腐蚀是两个形态学的基本操作。膨胀过程是对目标边界添加像素点；腐蚀过程则相反，是消除边界点，即边界向内部收敛，可以消除小且无意义的像素。形态学开、闭运算由膨胀和腐蚀变换按不同顺序级联构成，是图像函数的复合极值变换。开运算就是用结构函数先对图像进行腐蚀，然后再用结构函数对腐蚀后的图像进行膨胀，闭运算则刚好相反。开运算一般能平滑图像的轮廓，削弱狭窄的部分，去掉细的突出。闭运算也是平滑图像的轮廓，与开运算相反，它一般融合窄的缺口和细长的弯口，去掉小洞，填补轮廓上的缝隙。在实际应用中，开运算常用于去除较小的亮点，相对结构元素而言，同时保留所有的灰度和较大的亮区特征不变。腐蚀操作去除较小的亮的细节，同时使图像变暗。如果再施以膨胀处理可在不引入已去除的部分结构元素的同时增加图像的亮度。

膨胀和腐蚀一般的实现方法是：在程序中操作结构元素在图像上平移，结构元素中每一个像素与其所对应的图像上的像素按腐蚀或膨胀要求的算法计算，再根据计算的结果对结构元素原点对应的图像像素置值。例如，一个 3×3 的结构元素对图像做腐蚀运算，原点在中心，就是把结构元素的 9 个点与其所覆盖的图像上的 9 个像素点做与运算，如果有一个像素的运算结果为 1，则结构元素的原点处的像素置 1，否则置 0；同理，在做腐蚀运算时，只有当结构元素所有的像素同其覆盖的图像像素分别做与运算的结果全为 1 时，结构元素原点处的像素才置 1，否则置 0。

腐蚀算法有着收缩边缘的效果，根据图像中要保留的图像和噪声的对比，选择出合适的结构元，使其能够在保留原图的边缘信息不被腐蚀完全的情况下尽可能地多腐蚀噪声，然后再进行膨胀操作，使图像恢复到接近原图的效果。腐蚀算法的重点在于如何选取结构元，选取的结构元不同，对同一幅图像有着不同的效果。常见的结构元有正方形、矩形、菱形、圆形或椭圆形及针对特殊要求而设定的不规则图形等，常见例子如图 3.15 所示。

而这些不同的结构元也会对图像造成不同的结果。例如，在实际应用过程中，选择空心圆形结构元能够在一定程度上消除孤立的噪声点，处理结果有些类似中值滤波，且比中值滤波更为彻底，但采用这种方法会导致想要保留的图像部分发生细微改变。由此可见，根据原图像的特征，需要选择合适的结构元，以免过度腐蚀细节，造成图像细节缺失。如横向线条过多的图像，就不宜采用竖向矩形模板，否则，很有可能将线条腐蚀至消失。在腐蚀膨胀算法操作结束后，可以看到噪声明显被消除了，无论采用哪种模板，基本都会造成原图的细节处有轻微的变形，因此结构元不宜选择太大。

```
                         0 0 1 1 0 0 0      0 0 0 1 1 1 1 1 0 0
                         0 1 0 0 1 0 0      0 1 1 1 1 1 1 1 1 0
                         1 0 0 0 0 1 0      1 1 1 1 1 1 1 1 1 1
      1 1 1    0 1 0      1 0 0 0 0 0 1      1 1 1 1 1 1 1 1 1 1
      1 0 1    1 1 1      0 1 0 0 1 0 0      0 1 1 1 1 1 1 1 1 0
      1 1 1    0 1 0      0 0 1 1 0 0 0      0 0 1 1 1 1 1 1 0 0
```

(a) 矩形　　　(b) 菱形　　　　(c) 空心圆形　　　　　　(d) 椭圆形

图 3.15　常见的结构元

以聚类处理后的声呐图像为原始声呐图像［图 3.16(a)］，采用上述先腐蚀后膨胀的开运算方案，处理后的结果如图 3.16(b) 所示。从处理结果可以看出，开运算能够去掉声呐图像中回波强度相对很大的斑点，去除较小的亮点、清除图像的边缘毛刺及孤立点，并填补图像的漏洞和裂缝，同时保留所有的灰度和较大的亮区特征不变。

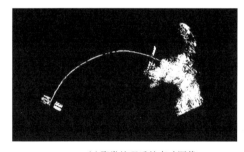 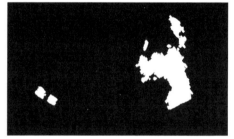

(a) 聚类处理后的声呐图像　　　　　　　　　(b) 开运算处理后的图像

图 3.16　聚类处理后的声呐图像和开运算处理后的图像

3.3.4　障碍物特征提取

目标的特征描述是一个很复杂的问题，但对于二维声呐图像和水下障碍目标，主要特征为形状特征，通常可以分为两类：一是目标区域的边缘轮廓，二是目标区域本身。不同的目标能够依据这些特征进行较好的分类和识别，形状特征分析大致基于边界和区域两个方面进行研究[10]。

1. 几何特征提取

目标的几何特征一般要求在平移、尺度和旋转等变换中保持不变性。接下来，将对以下几种几何特征的提取方法进行介绍。

1) 区域面积

对二值图像 $B(x,y)$ 而言，数字图像中的连通区域面积可以通过连通区域像素点个数来确定。即利用像素统计的方法，来计算目标的区域面积。

$$S_R = \sum_{x=0}^{N}\sum_{y=0}^{M} B(x,y) \tag{3.53}$$

式中，N 为图像宽度像素个数；M 为图像角度像素个数。

若用 1 表示物体，0 表示背景，求其面积即为统计 $B(x,y)$ 的个数。面积是目标的基本形状属性，在同一距离上，可以保证平移、旋转不变性，但目标相对声呐的距离变化时，有可能导致丢失尺度不变性。尽管如此，面积仍然可作为定义其他特征的基本参数和依据，目标的几何特征一般要求在平移、尺度和旋转等变换中保持不变性。

2) 伸长度

伸长度也称为偏心率，它在一定程度上描述了区域的紧凑性。伸长度最重要的作用是将细长物和圆形或方形物区别开，当目标区域呈细长形时，伸长度较大，当伸长度越接近 1 时，目标形状越接近圆形。伸长度可表示为

$$E = L/W$$

式中，E 为伸长度；L 为目标最小外接矩形长度；W 为目标最小外接矩形宽度。

3) 目标重心

定义图像重心为 $(\tilde{x}, \tilde{y})$，数字图像的区域重心即为其形心。

$$\begin{cases} \tilde{x} = \dfrac{\displaystyle\sum_{i=1}^{N}\sum_{j=1}^{M} i \cdot f(i,j)}{\displaystyle\sum_{i=1}^{N}\sum_{j=1}^{M} f(i,j)} \\[4mm] \tilde{y} = \dfrac{\displaystyle\sum_{i=1}^{N}\sum_{j=1}^{M} j \cdot f(i,j)}{\displaystyle\sum_{i=1}^{N}\sum_{j=1}^{M} f(i,j)} \end{cases} \tag{3.54}$$

式中，$f(i,j)$ 为点 (i,j) 灰度值。

4) 高度特征

对于水下小障碍物而言，高度是一个非常重要的信息。声呐波束发出后，目标会挡住部分声波，因此在海底就会产生阴影区域，往往可以通过物体的影子来判断目标类型及障碍物目标高度(图 3.17)，不同形态目标形成阴影形状也不同。

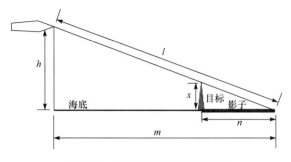

图 3.17　声影区形成模拟示意图

水下航行器距离海底的高度 h 已知，航行器头部与影子顶端距离 l、影子长度 n 可由系统计算给出，则由

$$\frac{x}{h} = \frac{n}{m}$$

$$m = \sqrt{l^2 - h^2}$$

可得目标真实高度为

$$x = \frac{nh}{\sqrt{l^2 - h^2}}$$

5) 形状标识

形状标识是一种利用一维函数来表示物体边界的方法，与二维边界相比，它更容易描述。对于 $M \times N$ 的数字图像 $f(x,y)$ 质心为 O，角度增量为 $\Delta\theta$，用 N 条等角分线将物体的形状分为 N 等份，每份的角度 $\theta_1, \cdots, \theta_i, \cdots, \theta_N$ 相等。设 $r(\theta_i)$ 是质心 O 到边界点的距离，定义如下。

$$r(\theta_i) = \sqrt{[x(\theta_i) - x_c]^2 + [y(\theta_i) - y_c]^2}$$

式中，(x_c, y_c) 为质心 O 的坐标，可分别由下式求得：

$$x_c = \frac{\sum_{x=1}^{N}\sum_{y=1}^{M} x \cdot f(x,y)}{\sum_{x=1}^{N}\sum_{y=1}^{M} f(x,y)}$$

$$y_c = \frac{\sum_{x=1}^{N}\sum_{y=1}^{M} y \cdot f(x,y)}{\sum_{x=1}^{N}\sum_{y=1}^{M} f(x,y)}$$

形状标识图即为 $r(\theta_i)$ 和对应角度的曲线，把标记图的 $r(\theta_1), r(\theta_2), \cdots,$ $r(\theta_i), \cdots, r(\theta_N)$ 作为物体形状的特征量，可用于基于形状特征的跟踪。两个典型的例子见图 3.18。

为了反映目标的平均半径，且满足平移不变性和旋转不变性，本章按式 (3.55) 构造物体的形状特征量。

$$\bar{r} = \frac{1}{N}\sum_{i=1}^{N} r(\theta_i) \tag{3.55}$$

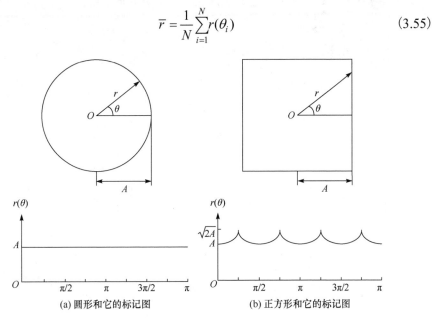

图 3.18　形状标识图二例

6) 不变矩特征

矩是一种描述图像特征的算子，由于要进行的是声呐数字图像的处理，本书只讨论离散的情况，通常定义如下一个轮廓的 (p, q) 矩：

$$m_{pq} = \sum_{i=1}^{n} I(x, y) x^p y^q \tag{3.56}$$

实际中常用到的是归一化的矩，中心矩定义如下：

$$u_{pq} = \sum_{i=0}^{n} I(x, y)(x - \tilde{x})^p (y - \tilde{y})^q \tag{3.57}$$

式中，$(\tilde{x}, \tilde{y})$ 为区域的重心坐标，$\tilde{x} = \dfrac{m_{10}}{m_{00}}$，$\tilde{y} = \dfrac{m_{01}}{m_{00}}$，$m_{00}$ 表示区域面积之和，m_{10} 表示区域内所有横坐标之和；m_{01} 表示区域内所有纵坐标之和；$p, q = 0, 1, 2,$ $3, \cdots$。

中心矩具有平移不变性，但不具有比例不变性，因此提出归一化的中心矩：

$$\eta_{pq} = \frac{\mu_{pq}}{m_{00}^{(p+q+2)/2}} \tag{3.58}$$

归一化的中心矩是一种很好描述形状的特征，但它只具有平移不变性和缩放不变性，不具有旋转不变性，Hu 不变矩表达式如下所示：

$$
\begin{cases}
h_1 = \eta_{20} + \eta_{02} \\
h_2 = (\eta_{20} - \eta_{02})^2 + 4\eta_{11}^2 \\
h_3 = (\eta_{30} - 3\eta_{12})^2 + (3\eta_{21} - \eta_{03})^2 \\
h_4 = (\eta_{30} + \eta_{12})^2 + (\eta_{21} + \eta_{03})^2 \\
h_5 = (\eta_{30} - 3\eta_{12})(\eta_{30} + \eta_{12})\left[(\eta_{30} + \eta_{12})^2 - 3(\eta_{21} + \eta_{03})^2\right] \\
\quad + (3\eta_{21} - \eta_{03})(\eta_{21} + \eta_{03})\left[3(\eta_{21} - \eta_{03})^2 - (\eta_{21} + \eta_{03})^2\right] \\
h_6 = (\eta_{20} - \eta_{02})\left[(\eta_{30} + \eta_{12})^2 - (\eta_{21} + \eta_{03})^2\right] \\
\quad + 4\eta_{11}(\eta_{30} + \eta_{12})(\eta_{21} + \eta_{03}) \\
h_7 = (3\eta_{12} - \eta_{03})(\eta_{30} + \eta_{12})\left[(\eta_{30} + \eta_{12})^2 - 3(\eta_{21} + \eta_{03})^2\right] \\
\quad + (\eta_{30} - 3\eta_{12})(\eta_{21} + \eta_{03})\left[3(\eta_{30} - \eta_{12})^2 - (\eta_{21} + \eta_{03})^2\right]
\end{cases} \tag{3.59}
$$

规格化的中心矩定义为

$$\eta_{pq} = \frac{\mu_{pq}}{m_{00}^r} \tag{3.60}$$

式中，$r = (p+q+2)/2$，$p+q = 2,3,4,\cdots$。

以上七个 Hu 矩同时具有平移、缩放和旋转的不变性。利用不变矩特征进行目标识别成为图像处理的一个重要研究方向，可应用于图像配准、目标跟踪、目标分类等领域[12,13]。由于 Hu 矩同时具有平移、缩放和旋转不变性，因此利用 Hu 矩可有效地区分或辨认目标，进行多波束图像声呐图像的目标分类与识别。目标识别的依据是上述检测到目标的多种几何特性，通常采用与已知图像特征的相似性比较方法进行识别。

以形态学处理后的声呐图像为原始声呐图像［图 3.19(a)］，采用上述几何特征提取方案,处理结果如图 3.19(b)所示,可提取出水下障碍目标的区域面积特征、周长特征、重心特征、不变矩特征等几何特征。

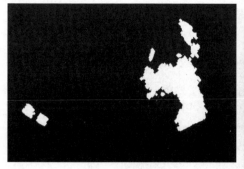 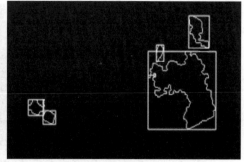

(a)形态学处理后的声呐图像   (b)提取的障碍特征

图 3.19　声呐图像的几何特征提取结果

2. 灰度特征提取

对灰度 $f(x,y)$ 图像而言，目标像素为 $L×W$，目标被大小为 $M×N$ 的矩形所包围。则有如下定义。

目标灰度均值 $\overline{A}$：

$$\overline{A} = \frac{1}{L \times W} \sum_{x=1}^{L} \sum_{y=1}^{W} f(x,y)$$

背景灰度均值 $\overline{B}$：

$$\overline{B} = \frac{1}{(M-L)(N-W)} \sum_{x=1}^{M-L} \sum_{y=1}^{N-W} f(x,y)$$

平均灰度对比度 $\overline{CH_1}$：

$$\overline{CH_1} = \overline{A} - \overline{B}$$

平均灰度差分对比度 $\overline{CH_2}$：

$$\overline{CH_2} = \frac{\overline{A} - \overline{B}}{\overline{A} + \overline{B}}$$

上述灰度特征的概念较直观，可以用于判断目标的有无，对于不同的目标也具有一定的判断作用。

3. 统计特征提取

如果图像的边界特征复杂，用几何特征参数描述物体比较困难，可以通过构造矩特征向量来描述复杂物体。矩是线性特征的一种完备的数学表示，矩特征对于图像的旋转、平移和缩放具有不变性，其优点是能够直接用于包含感兴趣目标的区域而不需要把目标分离出来。由于区域的矩是由区域内所有点计算出来的，因此受噪声等的影响不大。提取目标的统计特征进行图像研究的思想一直受到重视，如何提取适当的不变性特征是目标识别的关键。从图 3.20 可以看出，水面小艇高速通过声呐视野可以看到整个尾流的消散过程，具体尾流统计特征提取过程如图 3.20(d) 所示。

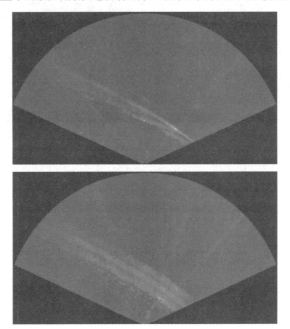

(a) 水面船尾流消散过程的原始声呐图像

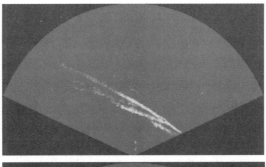

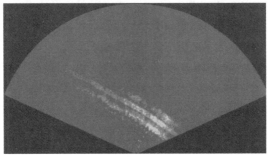

(b) 水面船尾流消散过程滤波增强处理结果

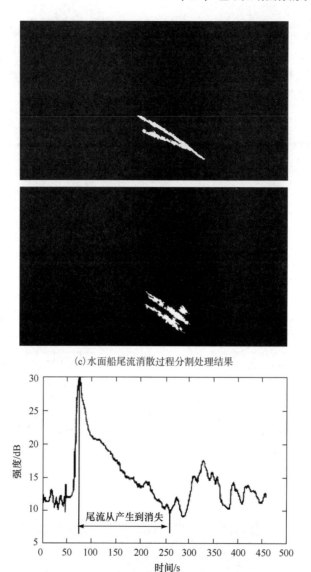

(c) 水面船尾流消散过程分割处理结果

(d) 水面船尾流随时间消散过程的声呐强度的统计特征

图 3.20 尾流的消散过程及提取尾流的统计特征过程(见书后彩图)

4. 线性特征提取

Hough 变换是一种非常有效的检测、定位和解析曲线的方法,它通过数据累计可以从图像中提取直线、弧线、圆、椭圆等几何图形及其特征属性,利用点与线的对偶性能够检测出任意曲线,如直线、弧线、圆、椭圆等。Hough 变换对随机噪声的鲁棒性和局部信息的缺损不敏感性使得它在检测已知形状的目标方面允许曲线存在小缺损和小变形，也不受图形方向的影响，故它在特征提取方面运用越来越广泛。

在直角坐标系中有一条直线 l，原点到直线 l 的垂直距离为 ρ，垂线与 x 轴的夹角为 θ（图 3.21），则这条直线是唯一的，其直线方程为

$$\rho = x\cos\theta + y\sin\theta \tag{3.61}$$

这条直线在极坐标中为一点 (ρ,θ)，这种线到点的变换即为 Hough 变换。在直角坐标系中过点 (x_0,y_0) 的直线系，满足

$$\rho = x_0\cos\theta + y_0\sin\theta = \sqrt{x_0^2 + y_0^2}\,\sin(\theta+\varphi) \tag{3.62}$$

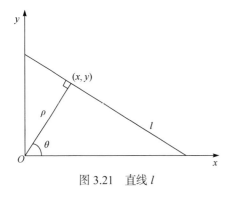

式中，$\varphi = \arctan\left(\dfrac{y_0}{x_0}\right)$。

由式 (3.62) 可知，过点 (x_0,y_0) 的直线系在极坐标系中所对应的所有 (ρ,θ) 点构成一条正弦曲线。设图像中有若干点，若它们的正弦曲线有共同的交点 (ρ,θ)，那么表明它们共线，而且可以求出该直线方程为

$$\rho = x\cos\theta + y\sin\theta \tag{3.63}$$

图 3.21　直线 l

以上就是 Hough 变换检测直线的原理。

以水面小艇高速通过声呐视野处理后的声呐图像为原始声呐图像［图 3.20(b)］，采用上述线性特征提取方案，处理结果如图 3.22 所示，其中图 3.22(b) 中绿色线为 Hough 变换提取的尾流线性特征，红色线为尾流线的中线，表示水面小艇的航行方向。

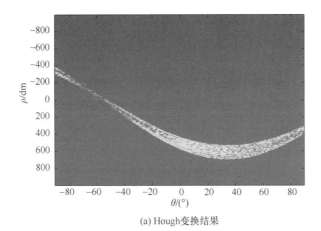

(a) Hough变换结果

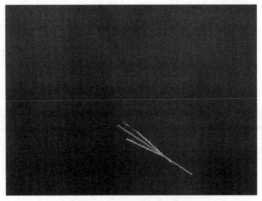

(b) 图像中线性特征提取结果

图 3.22　Hough 变换结果和线性特征提取结果（见书后彩图）

参 考 文 献

[1]　Rafael C G, Richard E W. 数字图像处理[M]. 2 版. 阮秋琦, 阮宁智, 等, 译. 北京: 电子工业出版社, 2003.

[2]　张德丰, 张葡青. 维纳滤波图像恢复的理论分析与实现[J]. 中山大学学报（自然科学版）, 2006, 45（6）: 44-47.

[3]　Guillaudeux S, Daniel S, Maillard E. Optimization of a sonar image processing chain: a fuzzy rules based expert system approach[C]. OCEANS'96, MTS/IEEE, Prospects for the 21st Century, 1996.

[4]　田杰, 张春华. 水声图像中目标探测的分形方法研究[C]. 2003 年中国智能自动化会议论文集: 上册, 2003.

[5]　O'Callaghan R, Bull D R. Combined morphological-spectral unsupervised image segmentation[J]. IEEE Transactions on Image Process, 2005, 14（1）:49-62.

[6]　叶秀芬, 王兴梅, 张哲会, 等. 改进 MRF 参数模型的声呐图像分割方法[J]. 哈尔滨工程大学学报, 2009, 30（7）:768-774.

[7]　卞红雨, 刘翠. 基于修正二维熵的水声图像分割[J]. 计算机工程, 2010, 36（14）: 193-195.

[8]　夏良正, 李久贤. 数字图像处理[M]. 南京: 东南大学出版社, 2005: 212-224.

[9]　Lindblad T, Kinser J M. 脉冲耦合神经网络图像处理[M]. 2 版. 马义德, 绽琨, 王兆滨, 等, 译. 北京: 高等教育出版社, 2008.

[10]　薛翔. AUV 前视声呐成像与目标特征提取方法研究[D]. 青岛: 中国海洋大学, 2012.

[11]　Sonka M, Hlavac V, Boyle R. 图像处理、分析与机器视觉[M]. 3 版. 艾海舟, 苏延超, 译. 北京: 清华大学出版社, 2014.

[12]　Heikkila J. Pattern matching with affine moment descriptors[J]. Pattern Recognition, 2004, 37（51）: 1825-1834.

[13]　Belongie S, Malik J, Puzicha J. Shape matching and object recognition using shape contexts[J]. IEEE Transactions on Pattern Analysis and Machine Intelligence, 2002,2（4）: 509-522.

4

自主水下机器人实时避碰决策方法

4.1 引言

实时避碰的过程是在未知环境下根据传感器信息判断障碍并在线规划绕过障碍的实时避碰行为或局部路径的过程。实时避碰方法在很大程度上依赖避碰传感器的特性。采用图像声呐时，能获得扫描平面内障碍的方位和距离信息，人工势场法[1]、遗传算法[2]等实时规划局部避碰路径的方法更加适用。采用测距声呐时，仅能获得固定方向上与障碍的相对距离信息，而不能确定障碍物的形状、大小和中心位置，通常基于专家系统[3]、模糊规则[4]等实现避碰行为的规划。

模糊控制是一种不依赖数学模型的非线性智能控制方法，具有简单、实时性好等优点，广泛应用在基于测距声呐的水下机器人实时避碰系统中。但是，目前大部分研究成果只实现了 AUV 水平面或垂直面模糊避碰控制器的设计，而忽略了 AUV 是在三维海洋空间中运动的载体。本书把整个水下机器人避碰系统看作多变量系统，受多输入-多输出模糊避碰控制器解耦设计和 AUV 运动控制特性的启发，将 AUV 避碰分解为水平面避碰和垂直面避碰，并提出一种新的水平面和垂直面避碰控制器设计方法。

分解之后的水平面避碰规划和垂直面避碰规划如果相互独立，在一些条件下将出现水平面和垂直面同时躲避同一障碍的情况；更为糟糕的是，同时改变舵角调整航向和深度可能使 AUV 失去控制或者既不能偏转足够角度也不能上升或下降足够高度从而发生碰撞。为此，本书提出基于事件反馈监控的策略，把 AUV 避碰过程看作闭环离散事件过程,通过设计合适的监控器达到协调多个避碰行为、实现三维避碰的目的。

本章的主要内容包括：模糊理论及多变量模糊避碰控制器结构设计方法的简单介绍、水平面和垂直面模糊避碰控制器的解耦设计、基于有限自动机的三维避碰过程建模及分析和基于事件反馈的避碰监控器设计。

4.2　自主水下机器人模糊避碰决策

　　模糊控制是一种非线性控制，属于智能控制的范畴。模糊避碰控制器的设计不需要像传统自动控制器设计那样要建立被控对象的数学模型，而是模拟人脑的模糊思维方法，根据实际系统的输入直接得到输出结果。具体地说，先将人工实践经验用模糊语言的形式加以总结和描述，产生一系列模糊控制规则，再通过模糊推理，将输入量变换为模糊控制输出量。

　　一个具有 $I_i(i=1,2,\cdots,m)$ 个输入、$O_j(j=1,2,\cdots,n)$ 个输出的多变量模糊避碰控制器，它的模糊关系可以表示成 $\tilde{R}$，第 k 条模糊规则表示为[5]

$$\tilde{R}^k : \text{if}\left(I_1 \text{ is } \tilde{A}_{1k} \text{ and } I_2 \text{ is } \tilde{A}_{2k} \text{ and } \cdots \text{ and } I_m \text{ is } \tilde{A}_{mk}\right)$$

$$\text{then}\left(O_1 \text{ is } \tilde{B}_{1k} \text{ and } O_2 \text{ is } \tilde{B}_{2k} \text{ and } \cdots \text{ and } O_n \text{ is } \tilde{B}_{nk}\right)$$

表示成模糊蕴含式形式：

$$\tilde{R}^k : \left(I_1 \times I_2 \times \cdots \times I_m\right) \rightarrow \left(O_1 + O_2 + \cdots + O_n\right) \tag{4.1}$$

进一步分解有

$$\tilde{R} : \left\{\bigcup_{k=1}^{L} \tilde{R}^k\right\} = \left\{\bigcup_{k=1}^{L}\left[\left(\tilde{A}_{1k} \times \tilde{A}_{2k} \times \cdots \times \tilde{A}_{mk}\right) \rightarrow \left(O_1 + O_2 + \cdots + O_n\right)\right]\right\}$$
$$= \left\{\tilde{R}_1, \tilde{R}_2, \cdots, \tilde{R}_n\right\} \tag{4.2}$$

式中，"$\times$" 为笛卡儿积；"$+$" 为并运算。

　　由式(4.2)分析可知：多变量模糊避碰控制器的规则库 $\tilde{R}$ 可以由 n 个子规则库 $\tilde{R}_j(j=1,2,\cdots,n)$ 组成，即 m 输入-n 输出的模糊避碰控制器可以分解成 n 个 m 输入-单输出的模糊避碰控制器，如图 4.1 所示。

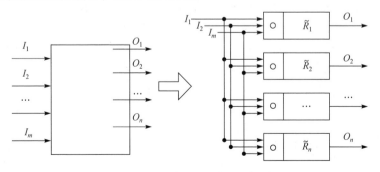

图 4.1　多变量模糊避碰控制器的分解

分解后任意一个多输入-单输出模糊避碰控制器的输出：

$$O_j = I_1 \circ I_2 \circ \cdots \circ I_m \circ \tilde{R}_j = (I_1 \circ \tilde{R}_{1j}) \, \Delta \, (I_2 \circ \tilde{R}_{2j}) \, \Delta \, \cdots \, \Delta \, (I_m \circ \tilde{R}_{mj}) \tag{4.3}$$

式中，$\circ$ 表示并的关系；Δ 表示某种合成规则；$\tilde{R}_{ij}(i=1,2,\cdots,m; j=1,2,\cdots,n)$ 为二维模糊关系。

在某些近似条件下，式(4.3)中运算符 Δ 可以由 $\wedge$ 来代替，多变量模糊避碰控制器结构可以表示为

$$\begin{cases} O_1 = I_1 \circ \tilde{R}_{11} \wedge I_2 \circ \tilde{R}_{21} \wedge \cdots \wedge I_m \circ \tilde{R}_{m1} \\ O_2 = I_1 \circ \tilde{R}_{12} \wedge I_2 \circ \tilde{R}_{22} \wedge \cdots \wedge I_m \circ \tilde{R}_{m2} \\ \quad\quad\quad\quad\quad\quad \cdots \\ O_n = I_1 \circ \tilde{R}_{1n} \wedge I_2 \circ \tilde{R}_{2n} \wedge \cdots \wedge I_m \circ \tilde{R}_{mn} \end{cases} \tag{4.4}$$

设输入量 $I_1 \sim I_m$ 的论域量化等级数分别为 $q_1 \sim q_m$，输出量 $O_1 \sim O_n$ 的论域量化等级数分别为 $p_1 \sim p_n$，则分解前系统维数：

$$\dim[O] = q_1 \cdot q_2 \cdots \cdots q_m \cdot p_1 \cdot p_2 \cdots \cdots p_n \tag{4.5}$$

分解后，n 个子系统总维数：

$$\sum_{j=1}^{n} \dim[O_j] = (q_1 + q_2 + \cdots + q_m)(p_1 + p_2 + \cdots + p_n) \tag{4.6}$$

由此，多输入-多输出模糊避碰控制器分解成了多输入-单输出的简单模糊避碰控制器，克服了多变量模糊避碰控制器设计、分析的困难。

4.2.1　自主水下机器人模糊避碰规划

自主水下机器人在未知的环境下运行，完全依赖传感器信息感知外部环境的变化。从发现障碍到躲避障碍、远离障碍的过程中，避碰规划模块根据不断更新的测距声呐信息确定 AUV 下一步的避碰行为，并作为航行控制器的输入引导 AUV 改变原有航迹，达到不与障碍相碰的目的。

如第 1 章所述，本书研究的一类 AUV——艏部安装五个方向的测距声呐，具有前向速度、航向角、深/高度的闭环控制能力。避碰规划模块的输入是五个方向测距声呐的输出，输出是前向速度、航向角和航行深/高度的期望值。因此，避碰规划模块有五个输入、三个输出，属于多变量系统，需要进行多变量模糊避碰控制器的解耦设计。

考察 AUV 的航行控制特性，我们可以发现：虽然 AUV 在水中的运动是非线性的三维运动，但为节省能源和满足使命要求，AUV 在航行过程中通常采用定速

加定深/高的期望行为，可近似地认为(在一定时间内)在同一平面内运动；只有期望行为发生改变、需要调整航行平面时才进行上浮/下潜的垂直面操控。由此，将AUV 避碰行为分解为水平面避碰行为(改变航向角)和垂直面避碰行为(改变航行深/高度)是合适的。而避碰规划模块的另一个输出"前向速度"可以规定 AUV 在整个避碰过程中保持恒定的较低速度航行(例如 2kn)，这是因为该类 AUV 不能实现悬停定位，必须具有一定速度才能保证方向舵的效率。至此，5 输入-3 输出的AUV 实时避碰规划模块可采用 3 输入-单输出的水平面和垂直面避碰规划模块来实现。

水平面包含三个方向即正前、前左、前右，垂直面包含三个方向即正前、前下、正下，分别由两个双输入-单输出的模糊避碰控制器实现，如图 4.2 所示。其中 eCF 、eFL 、eFR 、eFD 、eCD ，分别表示正前、前左、前右、前下、正下方向与障碍相碰的危险程度；模糊避碰控制器 H_1、H_2 串联实现水平面避碰规划的功能；V_1、V_2 实现垂直面避碰规划的功能；dH_1 和 dH_2 的物理含义是避碰航向与当前航向的夹角，绝对值越大、期望转过的角度也越大，夹角为正表示顺时针转向，为负表示逆时针转向；dD_1 和 dD_2 的物理含义是 AUV 当前航行深度与避碰航行深度的差值。该模糊避碰规划模块的特点是：结构简单、实时性好、便于水下机器人实时路径规划的工程实现。

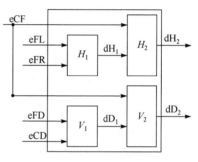

图 4.2　AUV 模糊避碰控制器
总体结构

模糊避碰控制器 H_1、H_2、V_1 和 V_2 的设计要解决以下关键问题。
(1)输入输出变量的模糊化；
(2)建立模糊控制规则；
(3)输出变量的去模糊化。

4.2.2　输入输出变量的模糊化

AUV 实时避碰规划模块的输入是测距声呐输出的与障碍物的相对距离信息，输出是调整航向角和航行深度的大小，都是精确的物理量，而模糊避碰控制器用到的推理规则为模糊条件语句，其前件和后件均是模糊语言值，因此，输入输出变量的模糊化是本节首要解决的问题。

精确量到模糊量的转换是通过隶属函数来实现的。本书采用三角形隶属函数，输入变量的隶属函数如图 4.3(a)所示。数值越小表示距离障碍越远、越安全；反之数值越大表示碰撞的危险越大。

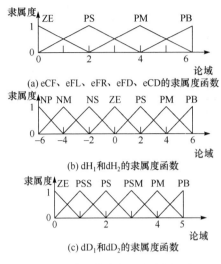

(a) eCF、eFL、eFR、eFD、eCD的隶属度函数

(b) dH₁和dH₂的隶属度函数

(c) dD₁和dD₂的隶属度函数

图 4.3　输入输出变量的隶属函数

设正前方向声呐 S_2、前左方向声呐 S_1、前右方向声呐 S_3、前下方向声呐 S_4 的最大作用距离为 R_{max}，正下方向声呐 S_5 的最大作用距离为 R_{5max}，t 时刻输出的信息分别为 $R_2(t)$、$R_1(t)$、$R_3(t)$、$R_4(t)$、$R_5(t)$，则各方向与障碍相撞的危险度计算公式为

$$eFL(t) = k_{fl}(R_{max} - R_1(t))$$

$$eCF(t) = k_{cf}(R_{max} - R_2(t))$$

$$eFR(t) = k_{fr}(R_{max} - R_3(t))$$

$$eFD(t) = k_{fd}(R_{max} - R_4(t))$$

$$eCD(t) - k_{cd}(R_{5max} - R_5(t))$$

式中，k_{fl}、k_{cf}、k_{fr}、k_{fd}、k_{cd} 为量化因子。

水平面和垂直面输出变量的隶属度函数分别如图 4.3(b)、图 4.3(c)所示，其中 ZE、PS、PM、PB、NP、NM、NS、PSS、PSM 是模糊量。调整航行深度不像调整航向有两个方向，而是只有使 AUV 航行深度变小一个方向，即避碰航行深度总是小于当前航行深度。

4.2.3　建立模糊控制规则

控制规则是描述控制器输入输出特性的一组语言型规则，根据多次试验的经验知识，制定的模糊控制规则分别如表 4.1～表 4.4 所示。建立水平面模糊控制规则的基本思想是引导 AUV 向碰撞危险程度较低的一侧偏转。如果两侧危险程度相同或均没有危险，则与上一时刻偏转方向相同。正前、前左、前右方向危险程度越高，偏转的角度越大。建立垂直面模糊控制规则的基本思想与水平面类似。

在表 4.1、表 4.2 中，当前左、前右方向危险程度相同时，将出现无法确定 dH₁ 和 dH₂ 符号的问题。本章提出引入上一时刻水平面避碰控制器最终输出量 dH₂ 进行辅助决策的思想，即如果上一时刻处于水平面避碰中，则选择与上一时刻 dH₂ 相同的方向作为当前时刻调整航向的方向；否则，随机选择一个方向。

表 4.1　H_1 模糊控制规则表

eFR	eFL			
	ZE	PS	PM	PB
ZE	ZE	PS	PM	PB
PS	NS	NS/PS	PM	PB
PM	NM	NM	NM/PM	PB
PB	NB	NB	NB	NB/PB

表 4.2　H_2 模糊控制规则表

eCF	dH_1						
	NB	NM	NS	ZE	PS	PM	PB
ZE	NM	NS	ZE	ZE	ZE	PS	PM
PS	NB	NM	NS	NS/PS	PS	PM	PB
PM	NB	NB	NM	NM/PM	PM	PB	PB
PB	NB	NB	NB	NB/PB	PB	PB	PB

表 4.3　V_1 模糊控制规则表

eCD	eFD			
	ZE	PS	PM	PB
ZE	ZE	PSS	PS	PSM
PS	PSS	PS	PSM	PM
PM	PS	PSM	PM	PB
PB	PSM	PM	PB	PB

表 4.4　V_2 模糊控制规则表

eCF	dD_1					
	ZE	PSS	PS	PSM	PM	PB
ZE	ZE	ZE	PSS	PS	PSM	PM
PS	ZE	PSS	PS	PSM	PM	PB
PM	PSS	PS	PSM	PM	PB	PB
PB	PS	PSM	PM	PB	PB	PB

4.2.4　输出变量的去模糊化

模糊避碰控制器的输出是一个模糊量，不能直接控制被控对象，需要将它转换为一个精确量。去模糊化方法有三种：选择最大隶属度法、取中位数法和加权平均判决法。其中，取中位数法是将模糊推理得到的模糊集合 B 的隶属函数和横坐标所围成区域面积的重心所对应的数值作为非模糊化的结果，计算公式为

$$y = \frac{\int yB(y)\mathrm{d}y}{\int B(y)\mathrm{d}y} \tag{4.7}$$

式中，$y \in O$ 为模糊系统的输出。取中位数法充分利用了模糊子集提供的信息量，实际应用效果较好。因此，本章以取中位数法作为水下机器人模糊避碰控制器输出变量的去模糊化方法。

4.3　基于有限自动机的三维避碰过程建模

水下机器人运动是三维空间的非线性运动，各自由度间存在较强耦合作用。模糊避碰控制器输出的仅是水平面或垂直面的避碰行为，要实现连续的三维避碰过程必须将两类平面避碰行为有机结合在一起。如果把 AUV 避碰过程看作由离散事件驱动、并由离散事件按照一定运行规则相互作用来导致状态演化的一类离散事件动态系统，那么可以用确定性有限自动机来表示。

定义 4.1【确定性有限自动机】　一个确定性有限自动机 G 定义为一个五元组[6]：

$$G = (Q, \Sigma, \delta, q_0, Q_m) \tag{4.8}$$

式中，Q 为有限状态集；Σ 为有限允许输入字符集；δ 为一个部分定义的状态转移函数 $\delta: \Sigma \times Q \to Q$；$q_0 (q_0 \in Q)$ 为初始状态；$Q_m (Q_m \subset Q)$ 为标识状态集合。

注 4.1　上述定义中，可以把状态转移函数由符号扩展定义到字符串，Σ^* 为输入符号串的集合，则有 $\delta: \Sigma^* \times Q \to Q$，记为 $\delta(w, q_0)$。

注 4.2　如果"对任一状态 $q \in Q$ 和空符号串 e 有 $\delta(e, q) = q$，必导致对任意符号串 $s, \sigma \in \Sigma^*$ 成立关系式 $\delta(s\sigma, q) = \delta(\sigma, \delta(s, q))$"，则称一个状态转移函数 $\delta(w, q)$ 有定义。为简化表达，通常采用 $\delta(w, q)!$ 来表示 $\delta(w, q)$ 有定义。

定义 4.2【有限自动机产生的语言】　对于有限自动机 G 和任一初始状态 $q_0 \in Q$，Σ^* 为输入符号串集合，则自动机产生的语言 $L(G)$ 定义为使状态转移函

数 $\delta(w,q_0)$ 有定义的输入符号串 $w \in \Sigma^*$ 的一个集合，即

$$L(G) = \{w \mid \delta(w,q_0)!\} \tag{4.9}$$

定义 4.3 【有限自动机标识的语言】 对于有限自动机 G 和任一初始状态 $q_0 \in Q$，Σ^* 为输入符号串的集合，则自动机标识的语言 $L_m(G)$ 定义为使状态转移函数 $\delta(w,q_0)$ 属于标识状态集合 $Q_m \subset Q$ 的输入符号串 $w \in \Sigma^*$ 的一个集合，即

$$L_m(G) = \{w \mid \delta(w,q_0) \in Q_m\} \tag{4.10}$$

由上述定义可知，AUV 的避碰行为可以对应为有限自动机的状态，环境信息对应为有限允许输入字符集，环境信息变化时避碰行为的转换关系对应为状态转移函数。由此，基于确定性有限自动机 G 建立三维避碰过程的模型如图 4.4 所示，各变量具体含义为

$$Q = \left\{ S_1, S_2, S_3, S_4, S_5, S_6, S_7, S_8 \right\} \tag{4.11}$$

$$\begin{aligned} \Sigma = \{ &\Sigma_{12}, \Sigma_{13}, \Sigma_{24}, \Sigma_{35}, \Sigma_{41}, \Sigma_{42}, \Sigma_{46}, \Sigma_{51}, \Sigma_{53}, \Sigma_{57}, \\ &\Sigma_{63}, \Sigma_{68}, \Sigma_{72}, \Sigma_{78}, \Sigma_{81}, \Sigma_{84}, \Sigma_{85}, \Sigma_{86}, \Sigma_{87} \} \end{aligned} \tag{4.12}$$

$$q_0 = S_1 \tag{4.13}$$

$$Q_m = \left\{ S_1 \right\} \tag{4.14}$$

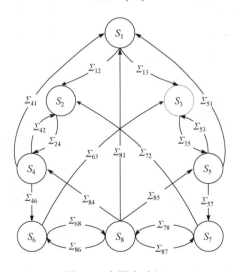

图 4.4 有限自动机 G

三维避碰有限自动机 G 中各状态的具体含义参见表 4.5。S_1、S_2、S_3、S_4、S_5 状态分别对应于一种基本避碰行为，分别为奔向目标、紧急转向、紧急上浮、保持距离、保持高度。S_6、S_7、S_8 状态同时执行两种基本避碰行为，分别控制

AUV 的航向角和深/高度，下节将对每种避碰行为的设计作详细说明。

表 4.5　有限自动机 G 的状态

符号	含义	符号	含义
S_1	奔向目标	S_5	保持高度
S_2	紧急转向	S_6	保持距离+紧急上浮
S_3	紧急上浮	S_7	保持高度+紧急转向
S_4	保持距离	S_8	保持距离+保持高度

有限自动机 G 的状态表中每一个字符对应一系列事件的组合，可以表示为

$$
\begin{cases}
\Sigma_{12}=\{e_1\cup e_2\},\ \Sigma_{13}=\{e_3\cup e_4\}, \\
\Sigma_{24}=\{e_4\cup e_5\},\ \Sigma_{35}=\{e_6\cup e_{10}\cup e_{11}\}, \\
\Sigma_{41}=\{e_7\cup e_8\},\ \Sigma_{42}=\{e_1\cup e_2\cup e_3\},\ \Sigma_{46}=\{e_4\},\ \Sigma_{51}=\{e_9\}, \\
\Sigma_{53}=\{e_3\cup e_4\},\ \Sigma_{57}=\{e_1\cup e_2\cup e_{10}\cup e_{11}\},\ \Sigma_{63}=\{e_7\cup e_8\}, \\
\Sigma_{68}=\{e_1\cup e_2\cup e_6\cup e_{10}\cup e_{11}\},\ \Sigma_{72}=\{e_9\},\ \Sigma_{78}=\{e_4\cup e_5\}, \\
\Sigma_{81}=\{(e_7\cap e_9)\cup(e_8\cap e_9)\},\ \Sigma_{84}=\{e_9\}, \\
\Sigma_{85}=\{e_7\cup e_8\},\ \Sigma_{86}=\{e_3\cup e_4\},\ \Sigma_{87}=\{e_1\cup e_2\cup e_{10}\cup e_{11}\}.
\end{cases}
\tag{4.15}
$$

式中，"$\cup$"表示两个事件的并，表示其中任何一个事件都能使自动机状态发生转移，以 Σ_{12} 为例，包含两个并列事件：e_1，e_2，即 $\delta(e_1,S_1)=\delta(e_2,S_1)=S_2$；"$\cap$"表示两个事件的与，表示两个事件同时满足才能使自动机状态发生转移；字符 Σ_{81} 由 $e_7\cap e_9$ 和 $e_8\cap e_9$ 组成，即 $\delta(e_7 e_9,S_8)=\delta(e_8 e_9,S_8)=S_1$。

式 (4.15) 中每个事件的具体定义参见表 4.6，事件与声呐输出值、海底地形、AUV 当前位置及水深等信息相关。表 4.6 中 α_s 为较小的正值，当坡度小于等于 α_s 时，可近似地认为海底地形比较平坦或处于水深不断增加的下坡情况。相反，当坡度大于 α_s 时，表示水深不断减少，海底地形隆起。H_v 表示允许进行垂直面避碰的最大水深，由用户根据具体使命进行设定。H_n 表示开始"紧急上浮"行为时的水深，当前水深大于 H_n 表示海底地形已恢复到垂直面避碰开始时的高度。

表 4.6　基本事件定义

事件	定义
e_1	前左或前右方向出现危险障碍
e_2	正前方向出现危险障碍，并且当前坡度小于等于 α_s 或水深小于 H_v
e_3	正前方向出现危险障碍，当前坡度大于 α_s 且水深大于 H_v

事件	定义
e_4	AUV 距海底高度小于安全高度且水深大于 H_v
e_5	正前方向无障碍，前左、前右方向安全
e_6	当前坡度小于 α_s 且 AUV 距海底高度大于安全高度
e_7	$F_h = 2$ 且正前方向无障碍
e_8	$F_h = 1$ 且正前、前左、前右方向均无障碍
e_9	当前坡度小于 α_s，正前方向无障碍，水深大于 H_n
e_{10}	正前方向出现危险障碍
e_{11}	水深小于 H_v

F_h 表示 AUV 当前位置 D 与目标位置 B、开始"紧急转向"时刻位置 C 的关系，如图 4.5 所示。当 $\alpha \geqslant 90°$ 时表示当前位置远离线段 DB，$F_h = 0$；当 $15° \leqslant \alpha < 90°$ 时，$F_h = 1$；当 $\alpha < 15°$ 时，当前位置已靠近线段 DB，$F_h = 2$。

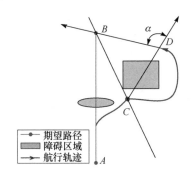

图 4.5　AUV 和障碍的相对位置示意图

有限自动机 G 产生的语言为无限字符串集合，避碰过程可以用语言描述。例如，一个简单的水平面过程为 $L(G) = \{e_1, e_5, e_7\}$，表示 AUV 从 S_1 状态由于事件 e_1 转移到 S_2 状态，再由事件 e_5 触发转移到 S_4 状态，最后，由事件 e_7 触发返回到目标状态 S_1。在有限自动机运行过程中，我们总是期望事件序列能尽快引导避碰有限自动机回到目标状态 S_1，也就是说每一次成功的避碰过程可以表示为有限自动机 G 的一个标识语言。

4.3.1　奔向目标行为

奔向目标行为的目的是使 AUV 沿着期望路径的轨迹到达目标点，期望路径可以是离线设计的路径，也可以是实时规划模块产生的在线路径。奔向目标行为的实现通常有两种设计：位置闭环控制和轨迹闭环控制。位置闭环控制中，AUV 的期望航向 ψ^d 始终指向当前路径的目标点，如图 4.6 所示，$\psi^d = A_b$（S 为路径起始点，T 为路径目标点）。轨迹闭环控制中，AUV 的轨迹尽可能跟踪规划的路径，如图 4.7 所示，期望航向角 $\psi^d = A_b - \Theta$，其中 Θ 和 AUV 与路径的垂直距离 D_i 有关：

$$\Theta = K_p D_i + K_i \int D_i \mathrm{d}t + K_d \frac{\mathrm{d}}{\mathrm{d}t} D_i \tag{4.16}$$

式中，K_d 为比例系数。

奔向目标行为既是避碰有限自动机的初始状态，也是标识状态。由于 AUV 水平面和垂直面运动之间存在较强耦合，因此遇到障碍时，首先需要决策的是采用水平面避碰还是垂直面避碰策略。本书认为，由水深逐渐减小引起的 AUV 距海底高度小于安全高度和正前声呐检测到障碍，适用于采用垂直面避碰策略，即转移到紧急上浮状态，$\delta(\Sigma_{13}, S_1) = S_3$。而海底地形没有明显变化时在正前、前左方向发现危险障碍，适用于采用水平面避碰策略，采取紧急转向行为，即 $\delta(\Sigma_{12}, S_1) = S_2$。

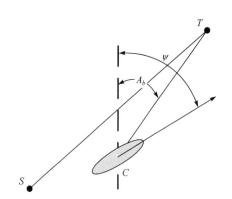

图 4.6 位置闭环控制的航向角

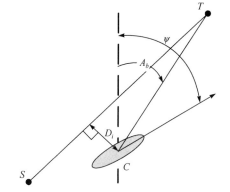

图 4.7 轨迹闭环控制的航向角

4.3.2 紧急转向行为

紧急转向行为通过控制 AUV 迅速偏离原有航向达到在水平面绕过物体的目的。如图 4.2 所示，采用二级水平面模糊避碰控制器 H_1、H_2 实时规划避碰航向角，并且目标前向速度为避碰速度。

水平面避碰过程如图 4.8 所示，随着 AUV 航向的偏转，正前声呐将检测不到障碍，但是此时 AUV 不一定已完全绕过障碍物体，如果立即返回到奔向目标状态，将可能导致再次靠近同一障碍。于是，本书设计了保持距离状态 S_4。当正前声呐连续检测不到障碍，并且前左、前右方向与障碍相对距离进入安全范围时，事件 Σ_{24} 触发 S_2 状态转移到保持距离状态，即 $\delta(e_5, S_2) = S_4$。

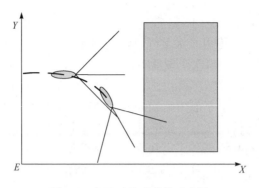

图 4.8　水平面避碰过程示意图

4.3.3　紧急上浮行为

　　紧急上浮行为将使 AUV 保持抬艏、航行高度不断增加，从而达到在垂直面爬坡的目的。如图 4.2 所示，采用二级垂直面模糊避碰控制器 V_1、V_2 实时规划载体航行的期望深度，并且目标前向速度为避碰速度。

　　与水平面避碰过程类似，不能单凭正前声呐已检测不到障碍来判定紧急上浮过程需要结束。如图 4.9 所示，AUV 保持一定纵倾角或刚好位于障碍上方时，正前声呐都将检测不到障碍。另外，如果一直保持紧急上浮状态，AUV 航行深度将不断减小，可能最终冲出水面。因此，本书设计了保持高度状态。当 AUV 距海底高度超过设定的安全高度时，垂直面内海底对 AUV 的危险性也随之降低，转移到保持高度状态与海底保持一定高度即可，而不必再增加高度。

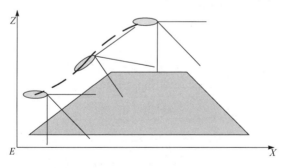

图 4.9　垂直面避碰过程示意图

4.3.4　保持距离行为

　　由于 AUV 缺乏整个障碍的轮廓信息，因此无法事先确定紧急转向行为的执行时间。在正前方向的测距声呐检测不到障碍后，需转入保持距离状态来跟踪障碍的边缘以确保 AUV 彻底避开该障碍。

保持距离行为通过控制前左或前右声呐的输出值，使 AUV 与障碍边缘保持一定相对距离航行。保持距离状态可以转移到 S_1、S_2、S_6 三种状态。如果在与障碍保持相对距离过程中再次出现危险情况，即检测到 e_1、e_2、e_3 事件，则避碰状态重新回到紧急转向状态：$\delta(e_1,S_4)=\delta(e_2,S_4)=\delta(e_3,S_4)=S_2$。如果 AUV 航向已指向目标点方向并且水平面声呐检测不到障碍（即字符集 Σ_{41}），则水平面避碰过程结束，返回奔向目标状态。如果水深越来越小并且距底已小于安全高度，则要转入 S_6 状态，同时执行保持距离和紧急上浮行为。两种行为分别作用在航向角控制闭环和深/高度控制闭环上，彼此独立。同理在 S_7、S_8 状态中，两种行为也是独立运行的。

保持距离行为由一个模糊避碰控制器实现，共有两个输入：D_e 和 D_{ec}。D_e 是 AUV 侧面与障碍相对距离的误差，负的 D_e 表示 AUV 向远离障碍的方向运动。D_{ec} 是相对距离 D_e 的变化率，负的 D_{ec} 意味着 AUV 正加速远离障碍。保持距离行为的输出 H_c 是 AUV 期望航向角。输入和输出的隶属度函数如图 4.10 所示。

保持距离行为模糊避碰控制器共有 25 个规则，见表 4.7。需要说明的是，上述 H_c 隶属度函数和模糊控制规则都是针对障碍在 AUV 左侧的情况设计的。当 AUV 在物体右侧时，按照对称原理只需将模糊避碰控制器输出值乘以–1 即可。

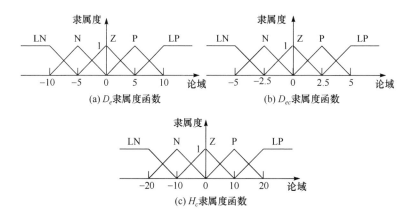

图 4.10 保持距离行为模糊避碰控制器隶属度函数

表 4.7 保持距离行为模糊避碰控制器规则表

D_{ec}	D_e				
	LN	N	Z	P	LP
LN	LN	LN	LN	LN	N
N	LN	LN	N	Z	P

D_{ec}	D_e				
	LN	N	Z	P	LP
Z	N	N	Z	P	P
P	N	Z	P	LP	LP
LP	P	LP	LP	LP	LP

4.3.5　保持高度行为

同保持距离行为一样，保持高度行为的目的是使 AUV 保持与海底等高航行，可分别转移到 S_1、S_3、S_7 状态。如果地形平坦且水深已恢复到垂直面避碰开始时的水平，则事件 e_9 使垂直面避碰过程结束，返回奔向目标状态。如果保持高度过程中在垂直面出现危险情况，即检测到 e_3、e_4 事件，则转移到紧急上浮状态，$\delta(e_3, S_5) = \delta(e_4, S_5) = S_3$。如果水平面出现危险障碍，则要转入 S_7 状态，同时执行紧急转向行为和保持高度行为。

参考保持距离行为模糊避碰控制器的设计，同理可以设计保持高度行为模糊避碰控制器。特别之处是由于本书考虑的该类 AUV 缺少向上方向的测距声呐，设计的保持高度行为特指保持与海底的高度，而不考虑 AUV 在垂直面躲避水面障碍的情况。

4.4　基于事件反馈的避碰监控器

从图 4.4 不难看出，有限自动机 G 产生的语言是无限字符串集合。在一些特殊情况下，按照有限自动机 G 运行的三维避碰过程可能进入死循环。例如，在 $S_1 S_2 S_4 S_1$ 之间存在有向闭链，可能出现导致水平面避碰过程无限长的语言：

$$L_1(G) = \{\varSigma_{12}\varSigma_{24}\varSigma_{41}, \varSigma_{12}\varSigma_{24}\varSigma_{41}, \cdots\}$$

这类特殊情况可以通过仿真实验来说明。图 4.11(a) 为仿真过程中期望路径、AUV 航行轨迹和障碍的水平面投影，有限自动机 G 不能引导 AUV 走出该类半封闭障碍区域。在避碰状态序列上即表现为 $S_1, S_2 S_4 S_1, S_2 S_4 S_1, \cdots$［如图 4.11(b) 所示，其中 S_1 用 0 表示，S_2 用 2 表示，S_4 用 4 表示］。导致这种现象的主要原因是有限自动机 G 仅以当前环境信息作为避碰状态转换的触发条件，而忽略了避碰过程的全局性。由此，仿真中 AUV 在避开 GH 段障碍、传感器信息显示当前环境已不存在障碍后，返回"奔向目标"状态，继续跟踪期望路径 AB，从而导致 AUV

再次陷入已避开的障碍。

同理，有限自动机 G 在 $S_5S_3S_5$、$S_8S_6S_8$、$S_8S_7S_8$、$S_8S_4S_6S_8$、$S_8S_5S_7S_8$、$S_8S_7S_2S_4S_6S_8$、$S_8S_6S_3S_5S_7S_8$ 状态之间也存在有向闭链。

大量仿真实验表明，通过合理设置字母表和状态转移函数，可以大大降低有限自动机 G 在上述有向闭链顶点间不断往复的概率；但是要彻底解决该问题，需设计特殊情况处理策略，并建立避碰有限自动机和实时路径规划模块的联系。为此，本书提出基于事件反馈的避碰监控结构(图 4.12)，有限自动机 G_c 是该系统的被控对象，M 是监控器，Σ 表示事件。G_c 的输出驱动 M 的状态转移，由 M 的状态通过 Σ 驱动下一个控制输入 γ。

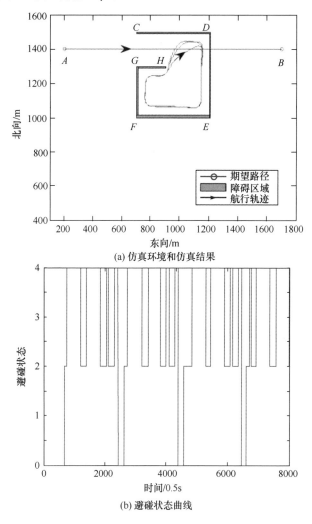

图 4.11　避碰过程无限长的仿真示例(见书后彩图)

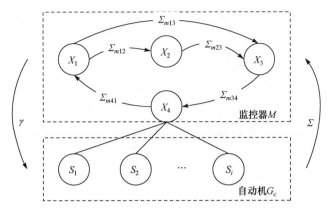

图 4.12 监控器 M 和自动机 G_c

4.4.1 监控器自动机的设计

基于事件反馈的避碰监控器 M ，可表示为

$$M = (F, \phi) \tag{4.17}$$

$$F = \left\{ X, \Sigma_m, \delta_m, x_0, X_m \right\} \tag{4.18}$$

式中， F 表示一个标准的有限自动机，也可以称其为监控器自动机，其状态转移由 Σ_m 中的事件驱动； X 为 F 的有限状态集； Σ_m 为事件的有限字符集； δ_m 是状态转移函数； x_0 是 F 的初始状态； X_m 是 F 的目标状态； ϕ 为 F 的状态集 X 到控制模式集 Γ 的一个映射，即 $\phi: X \to \Gamma$ 。

本书设计的监控器自动机 F 由四个状态组成，即 X_1 、 X_2 、 X_3 、 X_4 ，各状态和事件的具体定义参见表 4.8， F 的字母表 Σ_m 为

$$\Sigma_m = \left\{ \Sigma_{m12}, \Sigma_{m23}, \Sigma_{m13}, \Sigma_{m34}, \Sigma_{m41} \right\},$$
$$\Sigma_{m12} = \{e_{m1}\}, \Sigma_{m13} = \{e_{m3}, e_{m4}\}, \Sigma_{m23} = \{e_{m2}\},$$
$$\Sigma_{m34} = \{e_{m5}\}, \Sigma_{m41} = \{e_{m6}\}.$$

监控器自动机 F 的状态转移由字母表 Σ_{m12} 、 Σ_{m13} 、 Σ_{m23} 、 Σ_{m34} 和 Σ_{m41} 控制。当 F 处于 X_1 空闲状态时，控制模式集 Γ 可以描述为： $\forall \Sigma_{ij} \in \Sigma$ ， $i = 1, 2, \cdots, 8$ ， $j = 1, 2, \cdots, 8$ ，当 $\delta(\sigma, \Sigma_{ij})!$ 时， $\gamma(\sigma) = 1$ ； $\forall \Sigma_{ij} \in \Sigma$ ， $i = 0, 1, 9$ ， $j = 0, 1, 9$ ，当 $\delta(\sigma, \Sigma_{ij})!$ 时， $\gamma(\sigma) = 0$ 。

当 F 处于 X_2 状态时， F 将按照用户设定的流程执行倒车行为。控制模式集 Γ 为： $\forall \Sigma_{i9} \in \Sigma$ ， $i = 0, 1, \cdots, 8$ ，当 $\delta(\sigma, \Sigma_{i9})!$ 时， $\gamma(\sigma) = 1$ ； $\forall \Sigma_{ij} \in \Sigma$ ， $i = 0, 1, \cdots, 8, 9$ ， $j = 0, 1, \cdots, 8$ ，当 $\delta(\sigma, \Sigma_{ij})!$ 时， $\gamma(\sigma) = 0$ 。

当 F 处于 X_3 状态时,将按照第 5 章设计的实时路径规划算法进行实时路径规划。控制模式集 Γ 为: $\forall \Sigma_{i0} \in \Sigma$, $i = 1,2,\cdots,8,9$, 当 $\delta(\sigma, \Sigma_{i0})!$ 时, $\gamma(\sigma) = 1$; $\forall \Sigma_{ij} \in \Sigma$, $i = 0,1,\cdots,8,9$, $j = 1,2,\cdots,8,9$, 当 $\delta(\sigma, \Sigma_{ij})!$ 时, $\gamma(\sigma) = 0$ 。

X_4 属于 F 的过渡状态,即等待受控自动机进行状态重置(强制返回 S_1 状态)。此时 ϕ 禁止 G_c 中部分事件发生: $\forall \Sigma_{ij} \in \Sigma$, $i = 0,1,\cdots,8,9$, $j = 0,2,3,\cdots,9$, 当 $\delta(\sigma, \Sigma_{ij})!$ 时, $\gamma(\sigma) = 0$;同时允许另一部分事件发生: $\forall \Sigma_{i1} \in \Sigma$, $i = 0,2,3\cdots,9$, 当 $\delta(\sigma, \Sigma_{i1})!$ 时, $\gamma(\sigma) = 1$ 。

表 4.8 监视器自动机 F 的状态和事件

符号	含义
X_1	空闲
X_2	倒车
X_3	实时路径规划
X_4	受控自动机重置
e_{m1}	AUV 无航速且正前方向与障碍相对距离小于最低安全值
e_{m2}	倒车结束,AUV 系统工作正常
e_{m3}	连续处于避碰的时间过长
e_{m4}	有向闭链在一定时间内不断出现
e_{m5}	实时路径规划成功生成新的路径
e_{m6}	G_c 处于 S_1 状态

4.4.2 受控自动机的设计

有限自动机 G 在监控器 M 的作用下成为受控有限自动机 G_c ,可写为

$$G_c = (Q, \Gamma \times \Sigma, \delta_c, q_0, Q_m)$$

设 Σ 的子集 Σ_c 和 Σ_u 分别表示受控事件集和非受控事件集,则 $\Gamma = \{0,1\}^{\Sigma_c}$ 为定义在受控事件集 Σ_c 上的布尔函数的全体, δ_c 为受控事件的状态转移函数:

$$\delta_c(\gamma, \sigma, q) = \begin{cases} \delta(\sigma, q), & \text{如果} \delta(\sigma, q)! \text{且} \gamma(\sigma) = 1 \\ \text{无意义}, & \text{其他} \end{cases} \tag{4.19}$$

在上述有限自动机 G 基础上新增的状态和事件,分别如图 4.13 和表 4.9 所示。其中新状态 S_0 表示低速航行状态,即按照原有航向以较低速度航行。 S_9 表示倒车

状态，用于执行为特殊情况编写的行为序列。字母表 Σ 中新增的事件分别为

$$\Sigma_{19} = \Sigma_{29} = \Sigma_{39} = \Sigma_{49} = \Sigma_{59} = \Sigma_{69} = \Sigma_{79} = \Sigma_{89} = \{e_{12}\},$$

$$\Sigma_{90} = \{e_{13}\}, \Sigma_{10} = \{e_{15}\},$$

$$\Sigma_{40} = \Sigma_{50} = \Sigma_{80} = \{e_{14}, e_{15}\}, \Sigma_{01} = \{e_{16}, e_1, e_2, e_3, e_4\}。$$

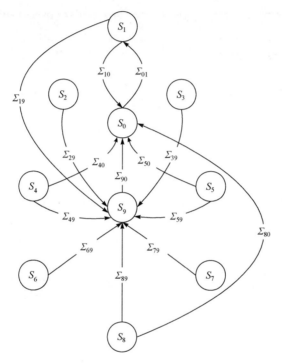

图 4.13　有限自动机 G 新增的状态和事件关系图

表 4.9　有限自动机 G 新增的状态和事件

符号	含义
S_9	倒车
S_0	低速航行
e_{12}	AUV 无航速且正前方向与障碍相对距离小于最低安全值
e_{13}	倒车结束，AUV 系统工作正常
e_{14}	连续处于避碰的时间过长
e_{15}	有向闭链在一定时间内不断出现
e_{16}	实时路径规划成功生成新的路径

参 考 文 献

[1] 洪晔, 边信黔. 基于三维速度势场的 AUV 局部避碰研究[J]. 机器人, 2007, 29(1): 88-91.

[2] 吴楚成, 边信黔. 一种基于遗传算法的 AUV 动目标避碰规划的方法[J]. 应用科技, 2005, 32(5): 43-45.

[3] 褚刚秀, 边信黔, 汪伟. AUV 在未知环境下的基于专家系统三维实时路径规划[J]. 应用科技, 2003,30(10): 46-48.

[4] 张禹, 邢志伟, 黄俊峰, 等. 远程自治水下机器人三维实时避障方法研究[J]. 机器人, 2003,25(6): 481-485.

[5] 陈永军. 三维环境中水下机器人实时运动规划方法研究[D]. 哈尔滨: 哈尔滨工程大学, 2007: 1-62.

[6] 郑大钟, 赵千川. 离散事件动态系统[M]. 北京: 清华大学出版社, 2000.

5

自主水下机器人实时避碰学习方法

5.1 引言

水下机器人面临的海洋环境是多种多样的。第4章利用实时避碰决策方法讨论了简单静态障碍场景下的水下机器人实时避碰问题。但是在更多时候，水下机器人面临的环境是未知的非结构化环境，依靠经验建立的知识库和推理机制对外部环境信息实时反应实现自主避碰，很难应对各种可能的情况，AUV需要具有自适应性能和学习能力的实时避碰算法。

一个具备学习能力的系统能够通过与控制对象和环境的闭环交互作用，根据过去获得的经验信息，逐步改进系统自身的未来性能。目前常用的机器人学习方法有强化学习、神经网络、深度学习等。本章主要采用反向传播(back propagation，BP)神经网络方法，提出基于测距声呐的避碰神经网络设计并仿真验证结果。

5.2 神经网络原理

人工神经网络(artificial neural network，ANN)经过大量处理单元进行互联，从而形成一个网络，可以看作是数理统计学的一个实际应用[1]。人工神经网络是对人脑或自然神经网络的抽象和模拟，是一种智能仿生模型，也可以看作是大量神经元组成的非线性动力系统[2]。

人工神经元是ANN的基本组成单元，它是一个拥有多输入、单输出的处理单元，这个处理单元相当于数学上的多对一映射。仅仅一个神经元无法对输入信息进行处理、传递，因此，需要大量的神经元连接起来组成一个非常庞大的网络，通过神经元之间的相互作用才能完成信息处理、传递功能[3]。

5.2.1　人工神经元简述

人工神经元作为 ANN 的基本组成，有如下特点。

(1)人工神经元是一个多输入、单输出的处理器，具有多输入单输出的特性；

(2)人工神经元可以处理非线性问题，当它的多个输入端收到信号达到一定效果后，才能激活这个神经元，然后发出自己本身的信息信号；

(3)人工神经元的多个输入信息经加权处理后，输出其产生的综合作用，即输出是由输入经一定的累加算法形成的；

(4)人工神经元存在可塑性。

神经网络一般是一个多输入单输出的非线性动态系统，其结构模型如图 5.1 所示。一个突触强度由多种因子或权值 μ_j 表示。神经元的点火率通常由非线性函数表达，在 0 和 1 之间取值，附加的偏差项 θ_j 是非线性单元，确定神经元的自然激励，也就是没有任何输入信号的情况下神经元的状态。

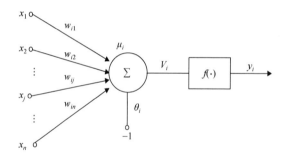

图 5.1　人工神经元模型

模型中 $x_j(j=1,2,\cdots,n)$ 是神经元 i 的输入信号；w_{ij} 是连接权或突触强度；μ_i 是由输入信号线性组合后的输出，是神经元的净输入；θ_i 是神经元的阈值或偏差，用 b_i 表示；V_i 是经偏差调整后的值，是神经元的局部感应区；$f(\cdot)$ 是激励函数；y_i 是神经元 i 的输出。

$$V_i = \mu_i + b_i \tag{5.1}$$

$$u_i = \sum_j w_{ij} x_j \tag{5.2}$$

$$y_i = f\left(\sum_j w_{ij} x_j + b_i\right) \tag{5.3}$$

常用的激励函数有三种，分别是阈值函数、分段线性函数和 Sigmoid 函数。随着研究不断深入，新增了一些激励函数，如广义同余函数。

1. 阈值函数

$$f(x) = \begin{cases} 1, & x \geqslant 0 \\ 0, & x < 0 \end{cases} \tag{5.4}$$

该函数也称为阶跃函数，如图 5.2(a) 所示。采用阶跃函数作为激励函数的神经元模型即著名的麦卡洛克-皮茨(McCulloch-Pitts，MP)模型，此时神经元的输出取 1 或 0。此外，激励函数也常采用符号函数，如图 5.2(b) 所示。

$$\operatorname{sgn}(x_i) = \begin{cases} 1, & x_i \geqslant 0 \\ -1, & x_i < 0 \end{cases} \tag{5.5}$$

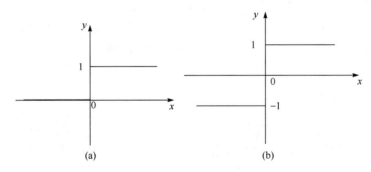

图 5.2　阈值函数

2. 分段线性函数

$$f(x) = \begin{cases} 1, & x \geqslant 1 \\ x, & 1 > x > -1 \\ -1, & x \leqslant -1 \end{cases} \tag{5.6}$$

如图 5.3 所示，其作用与非线性放大器相似。

3. Sigmoid 函数

Sigmoid 函数也称 S 函数，是人工神经网络中较常使用的激励函数。

$$f(x) = \frac{1}{1 + \mathrm{e}^{-x}} \quad 或 \quad f(x) = \frac{1 - \mathrm{e}^{-x}}{1 + \mathrm{e}^{-x}} \tag{5.7}$$

式(5.7)后者如图 5.4 所示。

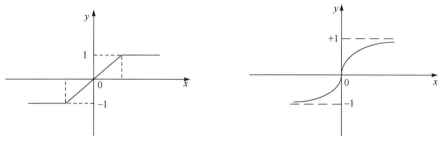

图 5.3　分段线性函数　　　　　　　　图 5.4　Sigmoid 函数

5.2.2　人工神经网络模型

神经元结构简单、功能单一，但大量的神经元按照一定结构组成的人工神经网络却具有强大的信息处理能力。目前人工神经网络模型已有很多种，但按神经元的连接方式只有两种形态：没有反馈的前向网络和相互结合型网络，也称为前向神经网络和反馈神经网络[4]。

1. 前向神经网络

前向神经网络具有分层结构，神经元从一层连接至下一层，且同层神经元之间不互连。信号从输入层单向流向输出层，如图 5.5 所示。其中，X 为节点的输入值，Y 为收敛后的输出值，W、V 表示的是隐节点到输入节点和输出节点的权值。前向神经网络的典型是 BP 网络，此外还有多层感知器、学习矢量量化网络、小脑模型连接控制网络和数据处理方法网络等。

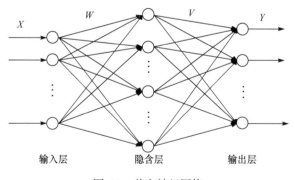

图 5.5　前向神经网络

2. 反馈神经网络

在反馈神经网络中，有些神经元的输出被反馈至同层或前层神经元。因此，信号可以正反双向流通，如图 5.6 所示。反馈神经网络的典型例子是 Hopfield 网络、Elmman 网络和 Jordan 网络。

5.2.3 人工神经网络学习

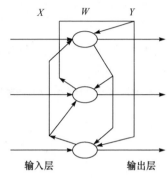

图 5.6　反馈神经网络

人工神经网络的典型特征是具备学习能力，通过学习解决问题。按照学习方式不同，人工神经网络的学习分为无导师学习(unsupervised learning)和有导师学习(supervised learning)两种。无导师学习方法抽取样本中蕴含的统计特性，并以神经元之间的连接权的形式存在于网络中。在这种学习方式下，训练数据只包括输入而不包括输出，网络根据判断标准自行进行权值的调整。典型的有赫布(Hebb)原则、竞争与协同学习、随机连接系统等。有导师学习的训练数据既要包括输入数据，还要包括在特定条件下的期望输出，学习的目的是使网络的实际输出接近网络的期望输出。在学习过程中，如果实际输出和期望输出的差值在误差允许范围内，则认为学习已经达到目的。常见的学习规则有 Delta 规则、感知器学习规则和误差反向传播的 BP 学习规则等。

5.3　基于 BP 算法的避碰神经网络设计

5.3.1　BP 算法原理

BP 算法用于前向多层网络，结构一般如图 5.5 所示。它含有输入层、输出层和处于两者之间的中间层[5]。中间层又称为隐含层，隐含层中的神经元也称为隐单元。隐含层不与外界连接，但其状态会影响输入输出之间的关系。

设有一个 m 层的神经网络，输入层有样本 X；设第 k 层的第 i 个神经元的输入总和表示为 U_i^k，输出 X_i^k；从第 $k-1$ 层的第 j 个神经元到第 k 层的第 i 个神经元的权系数为 W_{ij}；各个神经元的激发函数为 f，各变量关系式如下。

$$U_i^k = \sum_j W_{ij} X_j^{k-1} \tag{5.8}$$

$$X_i^k = f\left(U_i^k\right) \tag{5.9}$$

BP 算法的实质是求误差函数的最小值问题，按误差函数的负梯度方向修改权系数。定义误差函数 e 为期望输出和实际输出之差的平方和。

$$e = \frac{1}{2}\sum_i \left(X_i^m - Y_i \right)^2 \tag{5.10}$$

式中，Y_i 为输出单元的期望值，在这里用作教师信号；X_i^m 是实际输出，假设第 m 层是输出层。

BP 算法的权系数 W_{ij} 的修改量 ΔW_{ij} 和 e 满足式（5.11）。

$$\Delta W_{ij} = -\eta \frac{\partial e}{\partial W_{ij}} \tag{5.11}$$

式中，η 为学习率，即步长，取值 $0 \sim 1$。

$$\frac{\partial e}{\partial W_{ij}} = \frac{\partial e_k}{\partial U_i^k} \cdot \frac{\partial U_i^k}{\partial w_{ij}} \tag{5.12}$$

$$\frac{\partial U_i^k}{\partial W_{ij}} = \frac{\partial \left(\sum_l W_{il} X_l^{k-1} \right)}{\partial W_{ij}} = X_j^{k-1} \big|_{l=j} \tag{5.13}$$

故而

$$\frac{\partial e}{\partial W_{ij}} = \frac{\partial e}{\partial U_i^k} \cdot X_j^{k-1} \tag{5.14}$$

从而有

$$\Delta W_{ij} = -\eta \frac{\partial e}{\partial W_{ij}} = -\eta \frac{\partial e}{\partial U_i^k} \cdot X_j^{k-1} \tag{5.15}$$

令 $d_i^k = \dfrac{\partial e}{\partial U_i^k}$，则学习公式：

$$\Delta W_{ij} = -\eta d_i^k \cdot X_j^{k-1} \tag{5.16}$$

经推导得

$$d_i^k = X_i^k (1 - X_i^k) \cdot \sum_l W_{ij} \cdot d_i^{k+1} \tag{5.17}$$

$$X_i^k = f(U_i^k) \tag{5.18}$$

多层网络的训练方法是把一个样本加到输入层，根据传播规则逐层向输出层传递，最终在输出层得到输出 X_i^m。

误差信号 e 为实际输出与期望输出的差值，按照下面的公式反向传播修改权系数：

$$\Delta W_{ij} = \sum_l W_{ij} X_j^{k-1} \qquad (5.19)$$

误差函数的求取从输出层开始，向输入层反向传播。通过多个样本反复训练，同时向误差减小的方向修正权系数，达到消除误差的目的。如果网络层数较多，则计算量较大，这将会导致收敛速度变慢。为了加快收敛速度，将上一次的权系数作为本次修正的依据，修正公式：

$$\Delta W_{ij}(t+1) = -\eta d_i^k \cdot X_j^{k-1} + \alpha \cdot W_{ij}(t) \qquad (5.20)$$

式中，η 和 α 均为系数。

5.3.2 避碰神经网络设计

基于神经网络的实时避碰算法，利用神经网络强大的并行处理能力、自适应能力和学习能力实现在线高效决策。它将传感器的数据作为网络的输入，避碰行为作为网络的输出，采用多个选定位姿下的样本集或典型障碍环境下的仿真实验进行训练，得到合适的神经网络的参数。

AUV 选用能耗较低的测距声呐作为避碰传感器，共配置五个测距声呐，如图 5.7 和图 5.8 所示，分别放置在前左、正前、前右、前下和正下五个方向上，记为 $S_1 \sim S_5$。每个声呐的波束散射角均为 $12.5°$，正前、前左、前右和前下声呐的最大作用距离是 100m，正下声呐的最大作用距离是 200m。

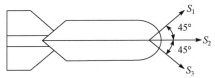
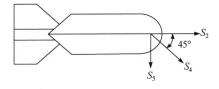

图 5.7　水平面声呐布置图　　　　图 5.8　垂直面声呐布置图

水平面声呐包含三个方向：正前、前左、前右。垂直面声呐包含三个方向：正前、前下、正下。将测距声呐测得的障碍物距离转换为碰撞危险度，eCF、eFL、eFR、eFD、eCD 分别表示正前、前左、前右、前下、正下方向与障碍相碰的危险程度。数值越小表示距离障碍越远、越安全；反之数值越大表示碰撞的危险越大。各碰撞危险度计算参见 4.2.2 节。

水平面和垂直面避碰神经网络结构相同，分别含有输入层、隐含层和输出层 3 层。输入层含有 3 个神经元，水平面避碰神经网络的输入为水平面测距声呐测

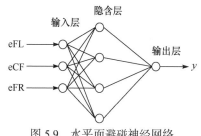

图 5.9　水平面避碰神经网络

得障碍物距离转换的危险度，即 eCF、eFL、eFR，垂直面输入为 eCF、eFD、eCD。隐含层含有 4 个神经元。输出层含有 1 个神经元，水平面避碰神经网络的输出为调整航向，垂直面避碰神经网络的输出为调整深度。图 5.9 为水平面避碰神经网络示意图。

5.3.3　避碰神经网络训练

利用 MATLAB 实现避碰神经网络仿真。垂直面避碰神经网络与水平面避碰神经网络结构和原理都相同，在此以水平面避碰神经网络为例，MATLAB 仿真分为以下步骤。

（1）数据读入。

选取训练数据样本，输入包括左前、正前和右前方向的危险度，输出标签为 1、0、0.5，分别表示应右转、左转和直行。

（2）初始化 BP 网络。

构建含有 1 层隐含层的神经网络，隐含层含有 4 个神经元，输入层包含 3 个神经元，输出层包含 1 个神经元。隐含层和输出层的传输函数均采用 Log-Sigmoid 函数。将阈值合并到权值中，相当于多了 1 个恒为 1 的输入。

（3）数据处理。

为了保证训练效果，对样本进行归一化。先求出输入样本的平均值，然后减去平均值，将数据移到坐标轴中心。再计算样本标准差，数据除以标准差，使方差标准化。

（4）训练。

设置误差容限、学习率、动量因子、最大迭代次数。如果误差的平方和小于误差容限，算法收敛；否则算法持续迭代到最大迭代次数。实际值与理想值的误差反向传播，网络根据误差调整权值。在此使用有动量因子的最速下降法，因此，除第一次迭代外，后续的迭代应将前一次迭代的权值修改量作为参考，即

$$\Delta\omega(n) = -\eta(1-\alpha)\nabla e(n) + \alpha\Delta\omega(n-1) \tag{5.21}$$

式中，$\Delta\omega(n)$ 为第 n 次迭代的权值修改量；η 为学习率；α 为动量因子；$\nabla e(n)$ 为第 n 次迭代的误差梯度方向。动量因子的引入，使权值修正具有一定惯性。

训练样本数据生成如图 5.10 所示的三维样本数据分布图。三个轴分别表示三个方向的危险度，圆圈、星号及圆点分别表示 AUV 为了躲避障碍物下一时刻做出的航向判断。

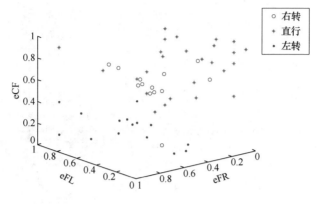

图 5.10　训练样本分布图

(5)测试。

测试数据归一化，计算测试数据输出，与理想值比较，求得正确率，将迭代、正确率、错误数据等信息打印出来。

(6)测试结果。

不同迭代次数产生不同水平的误差(用误差平方和表示误差)及正确率。当最大迭代次数为 200 时，正确率为 48.08%，误差下降曲线如图 5.11 所示。

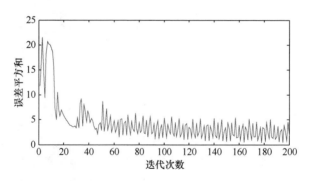

图 5.11　误差下降曲线(迭代次数为 200)

当最大迭代次数为 500 时，正确率为 90.38%，误差下降曲线如图 5.12 所示。

当最大迭代次数为 2000 时，正确率为 98.08%，误差下降曲线如图 5.13 所示。

从仿真结果可以看出，随着迭代次数的增加，网络误差下降更快，误差更小，网络正确率有明显提高，因此选用正确率最高的参数作为避碰神经网络的参数。AUV 初始位置为经度 120.0°，纬度 45.0°，深度 20m。目标点为经度 120.012°，纬度 45.0°，深度 50m。在起始点和目标点之间存在一个斜坡障碍。AUV 搭载的测距声呐检测到斜坡障碍的存在，并测得 AUV 距障碍物的距离。各方向危险度输入避碰神经网络，网络输出下一时刻 AUV 调整的航向或深度。

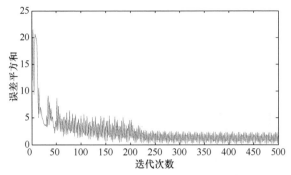

图 5.12　误差下降曲线（迭代次数为 500）

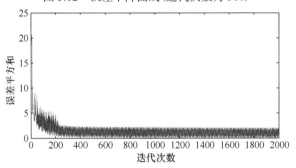

图 5.13　误差下降曲线（迭代次数为 2000）

5.4　仿真验证

选取合适的 k_{fl}、k_{cf}、k_{fr}、k_{fd}、k_{cd} 后，五个方向的危险度转化为从 0 到 6 七个危险等级。0 表示没有危险，6 表示距离障碍物距离最近，危险程度最大。避碰神经网络训练样本时，考虑三个方向危险程度从 0 到 6 变化时，AUV 如何做出调整。水平面避碰神经网络 eFL、eCF、eFR 三个方向共有 343 种不同的组合，去除前左、前右危险度相同的状况外，共有 322 个训练样本。AUV 遇到前左、前右危险程度相同的状况时，根据 AUV 上一时刻避碰状态进行辅助决策。AUV 根据网络输出值的大小调整航向，航向调整等级分为向左或向右 5°、30°、90° 及直行（0°）。垂直面避碰神经网络的避碰行为不同于水平面，AUV 仅向 AUV 深度减小方向躲避障碍物。垂直面避碰神经网络共有 343 个训练样本。AUV 深度调整等级分为保持当前深度（0m），减小 3m、5m、10m。

5.4.1　垂直面避碰场景

AUV 起始经度为 120.0°，纬度为 45.0°，深度为 60m；目标经度为 120.012°，

纬度为 45.0°，深度为 70m。AUV 起始点和目标点之间存在一个斜坡障碍。AUV 采用基于 BP 神经网络避碰成功躲避障碍物，到达目标点。AUV 垂直面避碰轨迹如图 5.14 所示。

实时监测 AUV 的避碰状态，如图 5.15 所示，其中 1 表示没有避障行为，2 表示水平面避障，3 表示垂直面避障，4 表示减速航行。

斜坡障碍转换成海底凸起，则海底地形及 AUV 航行深度如图 5.16 所示。从图中可以看出，AUV 及时调整深度，跨过障碍物，从而到达目标点。

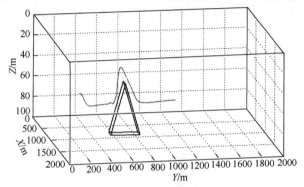

图 5.14　AUV 垂直面避碰轨迹视图

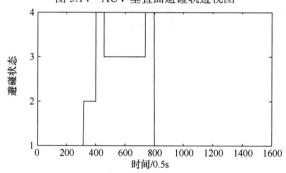

图 5.15　AUV 避碰状态

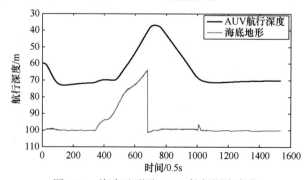

图 5.16　海底地形及 AUV 航行深度变化

5.4.2　水平面避碰场景

AUV 起始点和目标点位置不变，障碍物由一个斜坡障碍变成一个长方体障碍。AUV 三维运动轨迹及投影到 XOY 平面的轨迹图如图 5.17 所示。从红色轨迹可以看出，AUV 选择水平面避障行为躲避障碍物，成功到达目标点。

AUV 的避碰状态如图 5.18 所示。

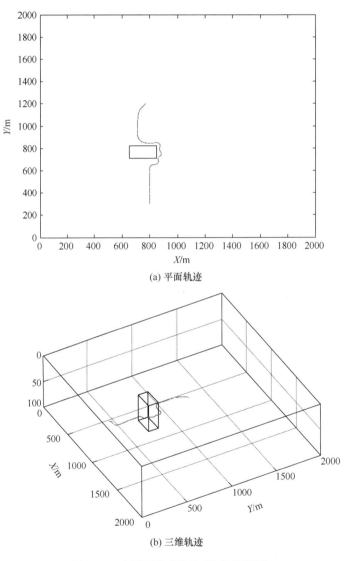

(a) 平面轨迹

(b) 三维轨迹

图 5.17　水平面避碰轨迹(见书后彩图)

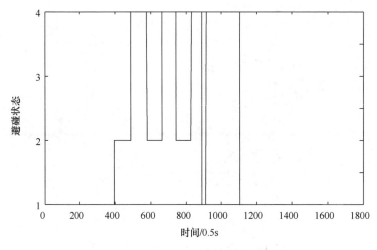

图 5.18　AUV 避碰状态

5.4.3　两个障碍避碰场景

　　AUV 起始点和目标点位置不变,同时存在斜坡障碍和长方体障碍两个障碍时，AUV 运动轨迹如图 5.19 所示。图中，绿线表示长方体障碍，黑线表示斜坡障碍。AUV 从两个障碍物之间穿过，到达目标点。AUV 避碰状态如图 5.20所示。

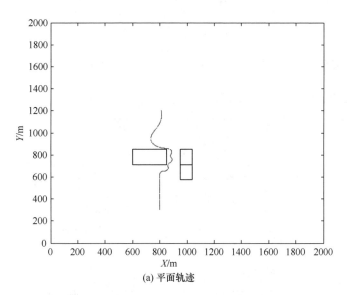

(a) 平面轨迹

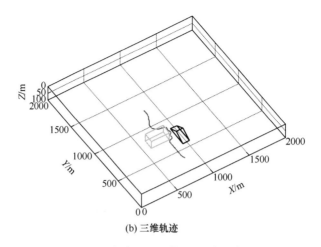

(b) 三维轨迹

图 5.19　两个障碍避碰轨迹（见书后彩图）

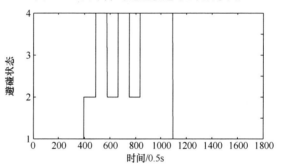

图 5.20　AUV 避碰状态

5.4.4　多障碍避碰场景

起始点和目标点位置不变，设置多个障碍物场景，AUV 运动轨迹如图 5.21

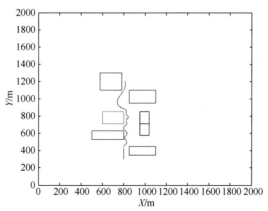

图 5.21　多障碍场景避碰轨迹（见书后彩图）

所示。机器人在遇到第一个障碍时稍向左偏转，然后遇到第二个障碍，向右偏转后再次回调回来，并跟踪障碍轮廓。

AUV 避碰状态如图 5.22 所示。

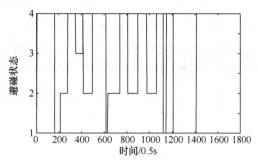

图 5.22　AUV 避碰状态

参 考 文 献

[1]　李晶，栾爽，尤明. 人工神经网络原理简介[J]. 现代教育科学, 2010, 79（1）:98-99.

[2]　贺清碧. BP 神经网络及应用研究[D]. 重庆: 重庆交通学院, 2004.

[3]　刘彩红. BP 神经网络学习算法的研究[D]. 重庆: 重庆师范大学, 2008.

[4]　李友坤. BP 神经网络的研究分析及改进应用[D]. 淮南: 安徽理工大学, 2012.

[5]　刘天舒. BP 神经网络的改进研究及应用[D]. 哈尔滨: 东北农业大学, 2011.

6

自主水下机器人实时路径规划方法

6.1 引言

　　基于事件反馈监控的模糊避碰控制器规划的是水下机器人瞬时避碰行为，在大部分简单障碍环境中具有较好的适应能力，但是在一些特殊条件下会陷入有向闭链而使避碰过程无限长。为此，本书在监控器自动机中设计了实时路径规划状态 X_3，本章主要研究该状态的具体实现方法。

　　实时路径规划与有限自动机 G_c 实现的实时避碰过程是紧密关联的，实时避碰是实时路径规划的准备和基础。由于测距声呐不能确定障碍的方位和大小，在开始发现障碍时无法获得足够的环境信息进行实时路径规划。当模糊避碰控制器引导机器人采取一系列避碰行为后，机器人逐步积累了关于障碍的证据信息，从而为在线实时路径规划提供了基本依据。

　　实时路径规划方法是对基于事件反馈监控避碰规划方法的补充。在一些特殊情况下，AUV 可能在障碍前不断地重蹈覆辙或者进入陷阱区域而长时间无法避开障碍，这时监控器需要转入 X_3 状态进行实时路径规划。实时路径规划生成的路径作为受控自动机 S_1 状态新的目标路径，AUV 继续开始下一次的轨迹跟踪运动。

　　本章研究的实时路径规划问题限定在采取一系列避碰行为之后基于在线地图的局部实时路径规划。面临的主要难点是环境的不确定性：AUV 仅有避碰声呐数据提供的证据地图信息，而障碍形状和大小完全未知。

　　由于不断改变航行深/高度不仅耗费能源且不利于航行平稳性，正常情况下AUV 在一段路径航行过程中不改变定深/高的目标值。因此，本书将 AUV 的三维实时路径规划问题简化为二维实时路径规划问题，即水深大于 $H_d + C$（H_d 为AUV 定深/高的目标值，C 为设定的常值）的区域标记为自由区域，AUV 可以安全航行；其他区域为障碍区域，路径上任意点都不能位于障碍区域内。实时路径规划方法需要在二维栅格图中找到当前点到目标点的、与障碍区域不相交的最优或次优路径。

　　实时路径规划可以定义为：在 AUV 航行过程中根据传感器信息生成的在线地图按照一定评价标准寻找一条从起始点到目标点的优选路径的过程。常用的实时路径规划算法有人工势场法、A*或 D*算法、遗传算法等。人工势场法具有良好的实时性，但存在陷阱区域和在相近障碍物之间不能发现路径等缺点。A*或 D*算法等优化搜索算法更适用于解决单目标优化问题。遗传算法是一种基于自然选择和遗传机制的全局优化算法，采用群体方法对目标函数空间进行多线索的并行搜索，更适用于 AUV 实时路径规划这类多目标优化问题。

　　本章主要从仿生角度出发，首先提出改进的免疫遗传算法，包括实时路径规划的定义和模型、遗传算法的编码、适应性函数、遗传算子、小生境技术等；其次提出改进的蚁群路径规划算法；最后分别完成了两种算法的仿真验证。

6.2　基于免疫遗传算法的实时路径规划

6.2.1　实时路径规划问题的遗传表示

　　一个路径段由两点表示：起点和终点(统称为路径节点)。前一路径段终点和后一路径段起点重合的多个路径段组成了一条连接规划起始点和目标点的路径。设一条路径包含 N 个路径段，即共包含 $N+1$ 个路径节点，假设用基因表示路径节点，则路径可以用染色体 P 表示。

$$P = \langle p_1, p_2, \cdots, p_N \rangle \tag{6.1}$$

式中，第 i 位基因 p_i 的等位基因集合为 $p_i = \{p_{i1}, p_{i2}, \cdots, p_{ik_i}\}$，$i = 1, 2, \cdots, N$，其中 k_i 表示第 i 位等位基因的数量，即可能成为该路径节点的空间点的数量，通常为正无穷。

　　所有等位基因的组合构成了整体结构或结构空间[1]。

$$\Re = p_1 \times p_2 \times \cdots \times p_N = \prod_{i=1}^{N} p_i \tag{6.2}$$

式中，$\Re$ 为可能存在的结构的最大空间。

　　现实中由于 k_i 趋近于无穷大，整体结构 $\Re$ 也趋近于无限大。实时路径规划的目标是在整体结构中找到满足一定准则的最优或次优染色体：$P_{optimal} \subset \Re$，属于复杂优化问题。传统随机搜索技术带有一定盲目性，不能保证解的质量，也无法采用枚举技术遍历搜索所有可能解。因此，本书选择遗传算法(一种启发式搜索方法)作为主要方法用于 AUV 实时路径规划。

　　遗传算法模拟自然选择和遗传机制，以编码空间代替问题的整体空间，以适应性函数为评价依据，以编码群体为进化基础，建立起对群体中个体位串"生成+检验"的迭代搜索过程。对处于阶段 t 的群体 $P(t)$，环境 $E(t)$ 提供的信息为 $I(t)$，历史上环境提供的信息：

$$M_E(t) = \langle I(1), I(2), \cdots, I(t-1) \rangle \tag{6.3}$$

基于遗传算法的路径规划过程是寻找合适的操作计划 τ_t，使群体 $P(t)$ 进化成新的群体 $P(t+1)$，直到找到至少一个使适应性函数最小化的路径。

$$\tau_t : P(t) \times I(t) \times M_E(t) \to P(t+1) \tag{6.4}$$

或

$$P(t+1) = \tau_t(P(t), I(t), M_E(t)) \tag{6.5}$$

适应性函数表示群体 $P(t)$ 对环境 $E(t)$ 的适应性测度，通常用大于等于 0 的实数表示，即

$$\mu_t : P(t) \times E(t) \to R^+ \tag{6.6}$$

或者表示为

$$\mu(P(t)) = \mu_t(P(t), E(t)) \tag{6.7}$$

判断实时规划路径优劣的标准通常不是只有一个，而是涉及路径长度、安全性、可跟踪性等多个方面。因此适应性函数通常是一组函数的集合：

$$\mathbb{Z} = \{\mu \in R^+ \mid \mu_1 = f_1(x), \mu_2 = f_2(x), \cdots, \mu_q = f_q(x)\} \tag{6.8}$$

AUV 实时路径规划的过程在本质上是一个多目标优化任务。优化问题的多个目标之间往往是相互矛盾的，因而不存在一个能使得所有目标同时达到最优的解。Pareto 最优解[2]的特点是无法在改进任何目标函数的同时不削弱至少一个其他目标函数，即 $z^0 \in \mathbb{Z}$，且不存在其他点 $z \in \mathbb{Z}$，使得

$$\begin{cases} z_k < z_k^0, & \text{对于某些} k \in \{1, 2, \cdots, q\} \\ z_l \leqslant z_l^0, & \text{对于所有其他} l \neq k \end{cases} \tag{6.9}$$

6.2.2 改进的小生境遗传实时路径规划算法

在生物学中，小生境是指特定条件下的一种生存环境，也就是生物总是倾向于与自己特征、性状相似的同类生物生活在一起，一般总是与同类交配并繁殖后代，这种正选型交配方式在生物遗传进化过程中具有积极的作用[3]。在路径规划问题中，一条路径的路径段个数是不确定的，最少只有一个，即规划起点和终点的连线；理论上最多有无穷多个。但实际上由于 AUV 航行平稳性和作业要求等

因素，路径段的最短长度是有限制的，路径段的个数是有限多个。

基于此思想，本书提出，以路径段个数为标准划分种群的小生境技术：将种群 $P(t)$ 划分为 $M(M>2)$ 个小种群，则第 m 个小种群 $P_m(t)$ 中任意个体的路径段个数为 m：

$$P(t) = \{P_1(t), P_2(t), \cdots P_m(t), \cdots, P_M(t)\}, \quad m = 1, 2, \cdots, M \tag{6.10}$$

改进的小生境遗传实时路径规划算法包含 9 个步骤：

(1) 如果路径起始点和目标点的连线满足适应性要求，则将起始点和目标点作为 p_1^o，转到第 (9) 步；否则，设定小种群个数 M，令 $m=2$。

(2) 设定小种群 $P_m(t)$ 的规模 N_m、最多进化代数 T_m，令 $t=1$；随机生成 N_m 个个体组成小种群 $P_m(t)$。

(3) 计算 $P_m(t)$ 中每一个个体的适应值。

(4) 遗传操作：选择、交叉和变异，生成 $P_m(t)$ 的子代 $P_m(t)'$。

(5) 计算 $P_m(t)'$ 中每一个个体的适应值。

(6) 从父代 $P_m(t)$ 和子代 $P_m(t)'$ 中选择个体，形成下一代群体 $P_m(t+1)$。

(7) $t=t+1$；如果 $t>T_m$ 或满足 Pareto 最优解条件，输出当前群体中的最优个体 p_m^o，转到第 (8) 步；如果 $t \leqslant T_m$ 并且不满足 Pareto 最优解条件，转到第 (4) 步。

(8) $m=m+1$；如果 $m>M$ 或满足终止循环条件，转到第 (9) 步；如果 $m \leqslant M$ 并且不满足终止循环条件，返回第 (2) 步。

(9) 从每一个小种群最优个体组成的集合 $\{p_1^o, p_2^o, \cdots, p_m^o\}$ 中选择一个最优个体，生成优选路径。

第 (4) ~ 第 (7) 步构成了小种群内部一次搜索的全过程，每一迭代搜索步中计算的数目是相同的。该迭代过程的终止通过两个条件控制：已进化到最大代数或满足终止循环条件。终止循环条件依据每代最优个体的适应值的变化情况确定。

参数 m 控制着待进化小种群 $P_m(t)$ 中个体的长度和小种群的规模。m 越大，算法所需的计算空间也越大。为尽可能降低算法复杂度，在第 (8) 步中设定终止循环条件，即相邻两个小种群的最优个体为相似个体：$\|p_m^o - p_{m-1}^o\| < \sigma$。

改进的小生境遗传实时路径规划算法中，具有固定长度的小种群沿着不同方向进化；小种群之间是隔离的，不进行相互之间的杂交。这样至少可以获得三点好处：

(1) 对于一个小种群，路径段个数是确定的，即染色体长度固定，可以进行定长编码。

(2) 路径适应性与路径段数之间存在隐含的复杂关系，将具有相同路径段数的路径进行选择、重组、进化，更有利于每个小种群的发展，从而获得各个方向的最优解。

(3)能够明确获知从规划起点到终点的 m 个途径，可以结合其他约束条件(如最少路径段个数)选择最适宜的路径。

下面详细说明算法的关键组成部分：遗传编码、适应性函数和选择、交叉、变异等遗传算子。

1. 遗传编码

编码是建立目标问题表示与遗传算法染色体位串结构之间联系的纽带，是应用遗传算法求解问题的第一步。对于实时路径规划问题，有多种编码方式：按栅格坐标[4]、栅格序号编码[5]，实数编码[6]，二进制编码[7]等。实数编码由于与路径节点坐标直接对应、无须其他变换而在路径优化问题中更具有优势，但可行区域内可行的点有无限多个，对应的实数编码空间也无限大。为此，不得不附加一些约束条件来简化编码空间。文献[6]把起点和终点的连线作为横轴，只把纵坐标作为基因进行编码，从而将二维编码简化为一维定长编码。

由于第 2 章所建立的证据地图是栅格地图，本章将栅格坐标映射为染色体的基因，采用二维整数编码形式，设 N 为种群规模，N_m 为第 m 个小种群的规模，则

$$P_m = \{P_{m1}, P_{m2}, \cdots, P_{mk}, \cdots, P_{mN_m}\} \tag{6.11}$$

$$P_{mk} = (p_{k,1}^m, p_{k,2}^m, \cdots, p_{k,l}^m, \cdots, p_{k,m}^m) \tag{6.12}$$

$$p_{k,l}^m = (x_{kl}, y_{kl}), \quad x_{kl} \in [x_{\min}, x_{\max}], y_{kl} \in [y_{\min}, y_{\max}] \tag{6.13}$$

式中，x_{kl} 为路径节点的栅格横坐标；y_{kl} 为路径节点的栅格纵坐标；$m = 1, \cdots, M$；$k = 1, 2, \cdots, N_m$；$l = 1, 2, \cdots, m$；$N = \sum_{m=1}^{M} N_m$。由于遗传操作仅在小种群内部进行，以下将 $p_{k,l}^m$ 简写为 $p_{k,l}$。

2. 适应性函数

为了执行适者生存的原则，必须对个体位串的适应性进行评价。适应性是群体中个体生存机会选择的唯一确定性指标。对于实时路径规划问题，个体对生存环境的适应能力可以从路径的长度、安全性、平滑度等方面考察，由此定义染色体 P_{mk} 的适应性函数为

$$J(P_{mk}) = \sum_{i=1}^{3} \omega_i f_i(P_{mk}) \tag{6.14}$$

式中，ω_i 为权重系数。

(1) $f_1(P_{mk})$ 表示染色体 P_{mk} 代表的路径的长度适应性：

$$f_1(P_{mk}) = \frac{\sum\limits_{l=0}^{m} d(p_{k,l}, p_{k,l+1}) - d(p_s, p_e)}{d(p_s, p_e)} \tag{6.15}$$

式中，p_s 表示路径的起点；p_e 表示路径的终点。

定义 $p_{k,0} = p_s$，$p_{k,m+1} = p_e$，$d(p_x, p_y)$ 定义为距离函数，表示两点之间的空间距离。显然 $f_1(k)$ 的理想值为 0，即规划结果为与起点和终点连线重合的一个路径段。通常情况下，由于理想路径与障碍区域相交，规划出的路径段长度总和将大于理想路径长度，即 $0 \le f_1(i) < \infty$。

(2) $f_2(P_{mk})$ 表示路径安全性尺度，包含两个方面：一方面是 $f_{21}(P_{mk})$ 表示根据与离线已知障碍和在线已探测到障碍区域的最近距离设定的惩罚系数，设障碍区域标记为 $\Omega_1, \cdots, \Omega_g, \cdots, \Omega_G$，则

$$f_{21}(P_{mk}) = \sum\limits_{l=0}^{m} \max\limits_{g \to G} b(p_{k,l}p_{k,l+1}, \Omega_g) \tag{6.16}$$

式中，$b(p_{k,l}p_{k,l+1}, \Omega_g)$ 表示线段 $p_{k,l}p_{k,l+1}$ 与障碍 Ω_g 相对方位的系数。

设 $d_{\min}$ 表示 AUV 与障碍的最小安全距离，O_d 表示线段与障碍相交的惩罚系数（通常设定为较大的正整数），$d(p_{k,l}p_{k,l+1}, \Omega_g)$ 表示线段 $p_{k,l}p_{k,l+1}$ 与障碍 Ω_g 的最近距离，则 $b(p_{k,l}p_{k,l+1}, \Omega_g)$ 计算公式为

$$b(p_{k,l}p_{k,l+1}, \Omega_g) = \begin{cases} 0, & d(p_{k,l}p_{k,l+1}, \Omega_g) \ge d_{\min} \\ O_d, & \text{其他} \end{cases} \tag{6.17}$$

安全性尺度的另一方面是 $f_{22}(P_{mk})$，其表示染色体 P_{mk} 对应的路径是否与 AUV 航行轨迹 T_{AUV} 相交。这源于 AUV 对障碍认识的局限性，我们不能判定换一个偏转方向是否能够尽快避开障碍，因此期望 AUV 总是朝着一个方向躲避障碍。也就是说，如果路径与 AUV 航行轨迹相交，则对相应的染色体进行惩罚，惩罚值为正数 O_g；如果两者无交点，则 $f_{22}(P_{mk})$ 等于 0。

$$f_{22}(P_{mk}) = \sum\limits_{l=0}^{m} g(p_{k,l}p_{k,l+1}, T_{\text{AUV}}) \tag{6.18}$$

$$g(p_{k,l}p_{k,l+1}, T_{\text{AUV}}) = \begin{cases} 0, & \text{如果} p_{k,l}p_{k,l+1} \text{与} T_{\text{AUV}} \text{不相交} \\ O_g, & \text{如果} p_{k,l}p_{k,l+1} \text{与} T_{\text{AUV}} \text{相交} \end{cases} \tag{6.19}$$

则

$$f_2(P_{mk}) = f_{21}(P_{mk}) + f_{22}(P_{mk}) \tag{6.20}$$

从式(6.16)～式(6.18)可以看出,当所有路径段与障碍的最近距离都大于$d_{\min}$时,$f_{21}(P_{mk})=0$。当所有路径段与 AUV 航行轨迹 T_{AUV} 无交点时,$f_{22}(P_{mk})=0$。即$f_2(P_{mk})$的取值范围为$f_2(P_{mk})\geqslant 0$。

(3) $f_3(P_{mk})$表示路径平滑度的适应性:

$$f_3(P_{mk})=\sum_{l=1}^{m}\frac{\psi_{k,l}}{\pi} \tag{6.21}$$

式中,$\psi_{k,l}$表示线段$p_{k,l-1}p_{k,l}$与线段$p_{k,l}p_{k,l+1}$延长线的夹角,$\psi_{k,l}\in[0,\pi]$。显然,路径段之间的夹角越小,AUV 从一个航向角过渡到另一个航向角所需的时间越少,代表路径越光滑。当所有路径段均处于同一直线时,$f_3(P_{mk})=0$。

3. 遗传算子

1)选择算子

选择操作将从当前群体$P_m(t)$中选择一定数量的个体,生成交配池。选择的方法有很多:适应值比例选择、排序选择、精英选择和随机选择等。群体在进化过程中,不同阶段需要不同的选择压力。引用 Goldberg 设计的 Boltzmann 选择方法,选择概率为[1]

$$S_s(P_{mk})=\frac{\text{e}^{\frac{J_{mk}}{T}}}{\sum_{k=1}^{N_m}\text{e}^{\frac{J_{mk}}{T}}} \tag{6.22}$$

式中,$T>0$为退火温度;J_{mk}为适应值。进化早期阶段T值较小,每个染色体的选择压力较小,即使是较差的个体也有被选择的机会。但是,进化后期,选择压力逐渐变大,适应值越高的个体被选择的机会越大。

2)交叉算子

交叉操作是从交配池中选择两个染色体,均从(随机的)相同位置分开,一个染色体的前半部分和另一个染色体的后半部分结合,另一个染色体的前半部分和前一个染色体的后半部分结合,从而形成两个全新的个体。

3)变异算子

变异算子分成两种:无性交叉和启发式交叉。在进化初期,采用统一繁殖方式,也称无性交叉:选择一个染色体,随机改变某一位或多位染色体的基因。收敛到一定程度后,改用非统一繁殖,也称启发式交叉:选择距离障碍较近的基因位置,沿垂直理想路径方向按长度分辨率产生突变。

4. 遗传算法的局限性

改进的小生境遗传算法至少有三点局限性。

(1)改进的小生境遗传算法和传统遗传算法一样，通常采用权重系数 ω_i 表示每个目标对 Pareto 最优解所贡献的比例。但是，确定合适的权重系数，需要大量先验知识和对初始种群中个体的分布作严格限制。

(2)遗传算法不具有记忆功能，在搜索过程中总是尽可能保留适应值最高的个体，而不能保存比较优秀的基因。

(3)遗传算法在整个进化过程中的遗传操作是随机性的，其可能解的空间非常庞大。这就造成了大量无效搜索，降低了搜索速度和收敛性。

为进一步改进上述小生境遗传算法的不足，本书提出了一种新的免疫遗传算法(immune genetic algorithm，IGA)。

6.2.3　免疫遗传算法

遗传算法(genetic algorithm，GA)是一种借鉴自然界遗传机制，通过不断由父代产生新子代进行迭代，最终收敛到全局最优的随机搜索算法。而免疫算法(immune algorithm，IA)是一种确定性和随机性选择相结合并具有勘测与开采能力的启发式随机搜索算法。将生物免疫机理和遗传算法思想相结合，既能够保留遗传算法全局搜索特性，又能避免未成熟的收敛和提高局部搜索能力[8]。免疫遗传算法是将待求解的问题对应为抗原，将问题的解对应为抗体，模拟生物体免疫应答机理改善遗传算法的搜索性能，构成了路径规划问题 Pareto 最优解的启发式随机搜索过程。

1. 免疫遗传算法的基本流程

免疫机理与遗传算法结合的形式有多种类型，本书以遗传算法为主，引入抗体识别抗原的免疫机制，形成一种新的免疫遗传算法，其基本流程如下。

(1)如果路径起始点和目标点的连线满足适应性要求，则将起始点和目标点作为 p_1^o，转到第(9)步；否则，设定小种群个数 M，令 $m = 2$。

(2)设定小种群 $P_m(t)$ 的规模 N_{pm}、最多进化代数 T_m，令 $t = 1$。

(3)以记忆细胞群为基础，随机生成 N_{pm} 个个体组成小种群 $P_m(t)$。

(4)计算 $P_m(t)$ 中每一个个体的适应值。

(5)从抗体群 $P_m(t)$ 中选择适应值较大的个体组成备选抗原群，与原有抗原群 $B_m(t)$ 一起进行抗原聚类，从而更新抗原群 $B_m(t)$，抗原群规模为 N_{bm}。

(6)从最新抗原中抽取疫苗，更新记忆细胞群 $M_m(t)$。

(7)计算 $P_m(t)$ 中抗体的亲和力，并以此为度量按选择概率 p_o 从 $P_m(t)$ 中选择 N_{pm1} 个最佳个体组成待进化群体 $P_m^1(t)$，其余个体组成群体 $P_m^2(t)$。

(8)将 $P_m^1(t)$ 进行细胞克隆操作，形成一个子代 $P_m^{11}(t)$。

(9)对 $P_m^2(t)$ 中个体进行交叉和变异等遗传操作，生成 $P_m(t)$ 的子代 $P_m^{21}(t)$。

(10)令 $P_m^3(t) = \begin{bmatrix} P_m^{11}(t) & P_m^{21}(t) \end{bmatrix}$，计算 $P_m^3(t)$ 中每一个个体的适应值，如果最优个体所对应的路径是不可行的，则随机选择部分个体和基因位进行疫苗接种。

(11)对抗体群 $P_m^3(t)$ 进行聚类分析，选择每个聚类中适应能力较强的个体组成子代代表 $P_m^4(t)$。

(12)当 $\left| P_m^4(t) \right| \geqslant N_{pm}$ 时，从 $P_m^4(t)$ 中选择最优的 N_{pm} 个抗体形成下一代群体 $P_m(t+1)$；当 $\left| P_m^4(t) \right| < N_{pm}$ 时，随机生成部分新个体和 $P_m^4(t)$ 一起形成下一代群体 $P_m(t+1)$。

(13)计算 $P_m(t+1)$ 中每一个个体的适应值。

(14) $t = t+1$；如果 $t > T_m$ 或满足 Pareto 最优解条件，输出当前群体中的最优个体 p_m^o，转到第(15)步；如果 $t \leqslant T_m$ 并且不满足 Pareto 最优解条件，转到第(5)步。

(15) $m = m+1$；如果 $m > M$ 或满足终止循环条件，转到第(16)步；如果 $m \leqslant M$ 并且不满足终止循环条件，返回第(2)步。

(16)从每一个小种群最优个体组成的集合 $\{p_1^o, p_2^o, \cdots, p_m^o\}$ 中选择一个最优个体，生成优选路径，保存疫苗信息 $M_m(t)$。

此算法与遗传算法相比，有四大特征：①引入免疫识别机制，确定性地选择应答抗原能力强的抗体进行免疫应答，参与细胞克隆和亲和突变。亲和突变能微调靠近障碍的路径点位置，和细胞克隆操作共同作用，增强障碍区域附近的局部搜索能力。②采用抗体聚类操作促使抗体群中相同或相似的抗体被确定性地清除，其作用不仅在于保持种群多样性，而且为免疫选择算子选择存活抗体减轻选择压力。③免疫选择一方面为亲和力高的抗体提供更多选择机会，另一方面为亲和力及浓度皆低的抗体提供生存机会，使得存活的抗体群具有多样性。④引入接种疫苗算子，并从最优个体中抽取疫苗，用于指导进化初期的搜索方向，从而加快算法的收敛速度。

2. 算法中的几个关键问题

1) 亲和力

亲和力是指抗体与抗原的匹配程度[9]，$A: P \rightarrow (0,1]$；在免疫识别中，用来区别"自我"和"非我"。反映在实时路径规划问题上，亲和力代表着待选个体与当前最优个体的匹配程度。考虑到虽然有些路径本身差异很大，但目标函数值却

相等或接近相等，本书选择适应值差异来衡量亲和度，即

$$A(P_{mk}) = \frac{1}{1 + \left| J(P_{mk}) - \min\limits_{i=1}^{N_{bm}} J(B_{mi}) \right|} \tag{6.23}$$

式中，P_{mk} 为抗体群；B_{mi} 为抗原群；N_{bm} 为抗原群规模。

2）相似度和抗体浓度

相似度是指一个抗体与其他抗体的相似程度，$M : P \times P \rightarrow \mathbb{R}^+$。每个抗体都对应一条路径，定义两条路径的相似度用对应路径节点之间的距离总和表示：

$$M(P_{mk1}, P_{mk2}) = \sum_{i=0}^{m} d(p_{k1,i}, p_{k2,i}) \tag{6.24}$$

当两条路径相同时，对应路径节点之间的距离均为 0，则两条路径无限相似；当对应路径节点相距较远时，两条路径的相似性较差。

抗体浓度是指抗体在抗体群中与其相似的抗体所占的比例，其被定义为函数 $C : X \subset P_m \rightarrow [0,1]$，即

$$C(P_{mk}) = \frac{\left| \left\{ P_{mi} \in X \mid M(P_{mk}, P_{mi}) \leqslant \delta \right\} \right|}{N_{pm}} \tag{6.25}$$

由抗体浓度定义可知，$0 < C(P_{mk}) \leqslant 1$，当 $C(P_{mk}) = \dfrac{1}{N_{pm}}$ 时，X 中不存在与 P_{mk} 相似的抗体；当 $C(P_{mk}) = 1$ 时，X 中的抗体均与 P_{mk} 相似或相同。

3）细胞克隆

细胞克隆是指在给定的繁殖数下，抗体群中所有抗体繁殖克隆的映射。对应本书提出的免疫遗传算法，第(8)步中抗体群 $P_m^1(t)$ 中每个抗体所繁殖的 N_{bm} 个克隆与抗原群 $B_m(t)$ 中抗原作用超突变。对其余的克隆，随机选择 $B_m(t)$ 中的一个抗原，进行均与突变。

设 X,Y 分别为给定的抗体群和抗原群，抗体 $X_i \in X$，抗原 $Y_j \in Y$，抗体 X_i 的繁殖数 N_{x_i} 为

$$N_{x_i} = \left(N_{bm} - \frac{1}{\lambda A(X_i)} \right)^{\theta}, \quad \lambda \in \left[\frac{1}{2(1 + A(X_i))}, \frac{1}{(1 + A(X_i))} \right] \tag{6.26}$$

式中，λ 为随机数，表示抗体 X_i 的繁殖率；$1.0 < \theta < 1.5$，为设定参数。

抗体 X_i 与抗原 Y_j 的超突变公式为

$$X_i \leftarrow X_i + \beta(Y_j - X_i), \beta \in [0,\alpha], \alpha = 1 - \mathrm{e}^{-\|X_i - Y_j\|} \tag{6.27}$$

式中，β 为 $[0,\alpha]$ 上的随机数。

抗体 X_i 与抗原 Y_j 的均匀随机突变是指抗体 X_i 以突变率 α_0 作为概率对其各基因位置上的基因在 $0\sim9$ 的整数之间随机突变，其中 α_0 由式 (6.28) 确定。

$$\alpha_0 = 1 - \lambda e^{-\|X_i - Y_j\|} \tag{6.28}$$

细胞克隆通过在候选解的邻域内产生变异解的群体，扩大搜索范围以加强局部搜索，从而促进了算法的快速收敛。

4) 抗体群聚类

本书引入聚类算法处理抗体群中过剩的个体。给定群体 P：

$$P = \{P_1, P_2, \cdots, P_{N_{pm}}\}$$

将 P 划分为 q 个子群 Q_k：

$$Q_k = \{P_{k1}, P_{k2}, \cdots, P_{kp_k}\}, \quad \forall P_{ki}, P_{kj} \in Q_k, \quad M(P_{ki}, P_{kj}) \leqslant \delta \tag{6.29}$$

根据

$$\left| F(P_{ki}) - F(P_{kj}) \right| \leqslant \delta_0, \quad P_{ki}, P_{kj} \in Q_k$$

处罚 P_{ki}，P_{kj} 中激励度低的个体，将未被处罚的个体存入 Q 中。其中激励度是指抗体群中抗体应答抗原和被其他抗体激活的综合能力，其可定义为函数 $F: X \subset P_m \to \mathbb{R}^+$，

$$F(P_{mk}) = A(P_{mk}) e^{-\frac{C(P_{mk})}{\beta}} \tag{6.30}$$

式中，β 为调节因子，$\beta \geqslant 1$。抗体应答抗原的综合能力与其亲和力成正比，与其在抗体群中的浓度成反比。

5) 疫苗接种

疫苗是在对流行病病毒拥有充分认识的基础上研制出来的，用于有针对性地防治某些流行病。通过疫苗接种，免疫系统能够产生特异性抗体，使机体免受病毒的感染。在实时路径规划初始阶段，常产生大量适应度较低甚至不可行的解（路径与障碍相交），从而将在很大程度上制约算法的搜索效率。为了有效地克服这个问题，本书借用疫苗和疫苗接种的概念，在搜索过程中采用疫苗接种策略：首先，根据在线地图、已航行的轨迹等先验知识设计 $m=1$ 时小种群 $P_1(t)$ 的初始疫苗 $M_1(t)$。在小种群 $P_1(t)$ 进化过程中，根据产生的可行的最优路径，实时更新疫苗 $M_1(t)$。在 $P_1(t)$ 进化结束后 $M_1(t)$ 被保存下来，用作下一个小种群 $P_2(t)$ 进化过程的初始疫苗。依此类推，保存疫苗的记忆细胞群不断地被更新，疫苗不断地指导

新种群的初始搜索方向。

本书所设计的免疫遗传算法为保持个体长度的一致性，没有设计删除和插入算子，这就使得有些个体所对应的路径是不可行的。当待进化种群被大量无效解占据时，进化速度将大大降低。而疫苗保存着每个路径节点的可行解，对不可行个体随机接种疫苗将改变个体的适应能力，改善进化初始阶段抗体的质量，从而进一步提高计算效率。

3. 算法收敛性

考察每个小种群的进化过程，免疫遗传算法的演化可以表示为

$$P_m(t) \rightarrow (P_m^1(t), P_m^2(t)) \rightarrow (P_m^{11}(t), P_m^{21}(t)) \rightarrow P_m^4(t) \rightarrow P_m(t+1)$$

由算法描述可知，群体 $P_m(t)$ 的规模为 N_{pm}，群体 $P_m^1(t)$，$P_m^2(t)$ 的规模由选择概率 p_o 确定，即

$$\left| P_m^1(t) \right| = N_{p1m} = \text{round}(p_o N_{pm}),$$

$$\left| P_m^2(t) \right| N_{p2m} = N_{pm} - N_{p1m} = N_{pm} - \text{round}(p_o N_{pm})$$

群体 $P_m^{11}(t)$ 的规模是动态变化的，由细胞克隆算子可知，抗体群 $P_m^1(t)$ 中每一个抗体 P_{mk}^1 繁殖的克隆细胞个数 $m(P_{mk}^1)$ 及抗原群的规模满足

$$m(P_{mk}^1) \leqslant \left(N_{bm} - \frac{1}{\lambda A(P_{mk}^1)} \right)^{\theta}, \quad 1 < \frac{1}{\lambda A(P_{mk}^1)} < 2,$$

从而

$$\left| P_m^{11}(t) \right| \leqslant p_s N_{pm} (N_{bm} - 1)^{\theta}$$

设交叉概率为 p_c，变异概率为 p_v，则

$$\left| P_m^{21}(t) \right| = 2\text{round}(p_c N_{p2m}) + \text{round}(p_v N_{p2m}),$$

$$\left| P_m^4(t) \right| \leqslant \left| P_m^{11}(t) \right| + \left| P_m^{21}(t) \right|, \left| P_m(t+1) \right| = N_{pm}。$$

由此可知，虽然 P_m^{11}、$P_m^4(t)$ 的规模被动态确定，但其规模始终是有限数，即中间生成的各个群体的规模均是有限数。

4. 算法复杂性

令 $N_{p11m} = \left| P_m^{11}(t) \right|$，$N_{p21m} = \left| P_m^{21}(t) \right|$，由算法描述可知，$P_m(t)$ 亲和力的计算次

数为 N_{pm}，$P_m^3(t)$ 适应值的计算次数为 $N_{p11m} + N_{p21m}$，浓度计算次数为 $0.5(N_{p11m} + N_{p21m})(N_{p11m} + N_{p21m} - 1)$，$P_m(t+1)$ 适应值的计算次数 N_{pm}。由此，第 n 次迭代中算法计算的总次数 N 满足

$$N \leqslant 2N_{pm} + (N_{p11m} + N_{p21m}) + 0.5(N_{p11m} + N_{p21m})(N_{p11m} + N_{p21m} - 1)$$

由此推出所设计的免疫遗传算法的计算最高级为 $O(N_{pm}^2)$。

6.2.4 仿真验证

1. 收敛速度和收敛性比较

以图 6.1(a) 为例，设 AUV 当前点所在栅格为 $(24, 10)$，目标点所在栅格为 $(24, 50)$。设 $m = 2$，分别采用免疫遗传算法(IGA)、免疫算法(IA)和遗传算法(GA)进行路径规划，三种算法采用相同的适应性函数。取第 100 代的最优个体作为规划结果，则三种算法规划的路径结果如图 6.1(a) 所示。显然，免疫遗传算法规划的路径更短、更优。

取每一代最优个体的适应值表示收敛速度，如图 6.1(b) 所示，三种算法在 100 代时均处于收敛状态，但是收敛值却各不相同。免疫遗传算法第 100 代最优个体的适应值是 0.36967，遗传算法第 100 代最优个体的适应值是 1.02796，免疫算法第 100 代最优个体的适应值是 0.41559。由此可见，免疫遗传算法引入细胞克隆机制使之比遗传算法具有更好的局部搜索能力，同时保留交叉和变异操作，使之比免疫算法具有更好的全局搜索能力。免疫遗传算法表现出了更快的收敛速度和较好的收敛性。

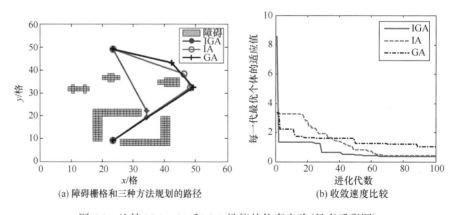

(a) 障碍栅格和三种方法规划的路径　　　(b) 收敛速度比较

图 6.1　比较 IGA、IA 和 GA 性能的仿真实验(见书后彩图)

2. 实时路径规划的作用

　　基于所提出的免疫遗传算法实现 AUV 运动仿真系统中的实时路径规划模块，进行仿真实验。期望路径和障碍区域的水平面投影如图 6.2(a) 所示。在没有实时路径规划的仿真过程中，AUV 在避开障碍后为跟踪期望路径 *AB* 出现绕路现象。而在加入实时路径规划的仿真过程中，在 *C* 点进行了实时路径规划，新的期望路径如图 6.2(b) 中 *CD-DB* 所示；实时路径规划结束后 AUV 把 *CD* 作为当前期望路径，避免了重新返回 *AB* 路径而绕路的现象。

　　该仿真实验表明：改进的免疫遗传算法实现了监控器自动机 *F* 中的实时路径规划状态 X_3，能根据在线地图生成绕过障碍的、优选的局部路径；从而解决了在高层对实时避碰行为进行监控、防止避碰行为死锁的问题。

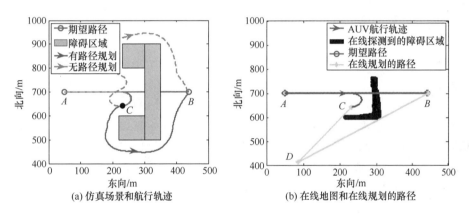

(a) 仿真场景和航行轨迹　　　　　　(b) 在线地图和在线规划的路径

图 6.2　验证 IGA 实时路径规划作用的仿真实验(见书后彩图)

6.3　基于改进蚁群算法的实时路径规划

6.3.1　蚁群算法基本原理

　　蚁群算法是 20 世纪 90 年代提出的一种新型进化算法，源于对蚂蚁的研究。蚂蚁在寻找食物时，在走过的路径上释放一种称为信息素的分泌物，信息素保留一定的时间，后续蚂蚁能够察觉信息素的存在，选择信息素浓度较高的路径并且经过时留下自己的信息素。假设有两条路径 *AB* 和 *CD*，*AB* 的长度是 *CD* 的两倍。初始时，两条路径都没有信息素，蚂蚁选择两条路径的概率各为 1/2。由于路径长度不同，在一段时间内经过 *CD* 的蚂蚁数量是 *AB* 的两倍，*CD* 路径上信息素浓度就是 *AB* 段信息素浓度的两倍。这样蚂蚁选择 *CD* 的概率大于选择 *AB* 的概率，随着时间的推移，选择 CD 的概率越来越大，最终完全选择 CD。蚁群算法具有启发性，较强的鲁棒性，优良的分布性，易于与其他算法结合[7,8]。

1. 算法基本流程

蚁群算法的基本流程如下。

(1)建立空间模型。

(2)规划初始路径。

(3)初始化算法参数。

(4)开始搜索。

(5)蚂蚁到达终点。

(6)信息素更新。

(7)判断算法是否结束，如果结束，转到第(8)步，否则返回第(4)步。

(8)得到最优路径。

2. 建模及初始化路径

采用 MAKLINK 构建二维路径规划的空间模型。MAKLINK 线定义为障碍物之间不与障碍物相交的顶点之间的连线，以及障碍物顶点和边界的交线，MAKLINK 线构造二维空间。MAKLINK 图上存在 1 条自由连接线，连接线的中点及起点和终点构成初始路径规划的无向网络图。

Dijkstra 算法用于计算单源最短路径，将带权图中所有节点分成两组，以确定最短路径组和未确定最短路径组。按最短路径长度递增顺序逐渐将未确定组中的点加入已确定组中，直到所有节点都包含在已确定最短路径组。利用 Dijkstra 算法得到一条从起点到终点的次最优路径。路径依次经过链接线 $L_i(i=1,2,\cdots,d)$，其端点为 $P_i^{(0)},P_i^{(1)}$，链路上其他点表示为

$$P_i(h_i) = P_i^{(0)} + (P_i^{(1)} - P_i^{(0)}) \times h_i$$

式中，h_i 为比例参数 $(h_i \in [0,1], i=1,2,\cdots,d)$；$d$ 为链路划分节点数。只要给定一组 h 参数即可得到新路径，蚁群算法的解表示为 $(h_1,h_2,\cdots,h_d)$。

3. 蚁群转移规则

蚂蚁寻找下一节点按照一定的转移规则，与信息素浓度及启发信息有关。蚂蚁在链接线 L_i 上选择下一链接线 L_{i+1} 上 J 节点的方法为

$$\begin{cases} \arg\max_{k \in I}\left(\left|\tau_{i,k}\right|\left|\eta_{i,k}^B\right|\right), & q \geqslant q_0 \\ J, & \text{其他} \end{cases}$$

式中，i 为链接线上的点；q 为[0, 1]的随机数；q_0 为[0, 1]的可调参数；$\eta_{i,k}$ 为启发值；$\tau_{i,k}$ 为信息素浓度。J 的计算方法：首先计算 i 到 j 的选择概率 $p_{i,j}$，以此为根据，应用轮盘赌法找到下一节点 j，$p_{i,j}$ 的计算方法为

$$p_{i,j} = \frac{\tau_{i,j}\eta_{i,j}^{\beta}}{\sum_{w\in I}\tau_{i,w}\eta_{i,w}^{\beta}}$$

4. 信息素更新

信息素是影响蚁群算法的关键因素，其更新分为局部信息素更新和全局信息素更新。实时信息素更新是蚂蚁走过每个节点后对该节点的信息素进行更新，公式为

$$\tau_{i,j} = (1-\rho)\tau_{i,j} + \rho\tau_0$$

式中，τ_0 为信息素初始值；ρ 为[0, 1]的可调参数。当所有蚂蚁走过全部节点后，完成依次迭代搜索，选择其中的最短路径进行全局信息素更新，公式为

$$\tau_{i,j} = (1-\rho)\tau_{i,j} + \rho\Delta\tau_{i,j}$$

式中，$\Delta\tau_{i,j} = 1/L^*$，L^* 是最短路径长度[10]。

6.3.2　改进算法

蚁群算法具有随机性，蚁群数量大，迭代次数多，所以蚂蚁构造出的路径优劣程度不同，有些蚂蚁甚至不能成功构造路径。如果蚂蚁在迭代过程中构造劣质路径或不能成功构造路径，可能会使算法过早收敛或者搜索失败。为了改善蚁群算法的此类缺陷，将再励学习机制引入信息素更新机制中，提高蚁群算法的性能。

1. 再励学习

再励学习把学习看作试探评价的过程，如图 6.3 所示。学习机输出一个动作作用于环境，环境接收输出动作状态发生变化，产生奖励或惩罚的再励信号反馈给学习机，学习机根据环境当时的状态及反馈的奖励或惩罚信号选择下一步的动作信号，选择动作信号的原则是使受到正再励即奖励信号的概率越来越大[11]。

2. 改进信息素更新

在蚁群算法信息素更新过程中以蚂蚁构造路径的代价值作为再励信号，对较优的人工蚂蚁进行奖励，对较差或者失败的人工蚂蚁进行惩罚，加入再励机制后，提高较优路径的信息素浓度，降低较差路径的信息素浓度，使人工蚂蚁更倾向于

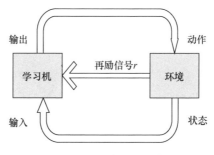

图 6.3 再励学习系统

较优路径。另外,增加了未选择路径和已选择路径信息素的对比,提高算法的寻优能力。在基本的蚁群算法中,局部信息素更新中 τ_0 为预设值不变,改进的局部信息素更新基于路径代价加入奖励惩罚制度,公式如下:

$$\tau_{i,j} = (1-\rho) \times \tau_{i,j} + \rho \times \Delta\tau$$

$$\Delta\tau = \begin{cases} (n \times W_k(t))^{-1}, & \text{人工蚂蚁构造解成功} \\ 0, & \text{人工蚂蚁构造解失败} \end{cases}$$

式中, $W_k(t)$ 是当前迭代中第 k 只人工蚂蚁所构造路径的综合代价值。由上式可以看出,当人工蚂蚁构造路径越优,其代价值越小,得到奖励,其局部更新中信息素增量 $\Delta\tau$ 越大,对应路径上信息素保留得越多,后续迭代中被选择的概率就大。如果人工蚂蚁构造的路径代价值大或者无穷大,受到惩罚,其局部信息素更新中信息素增量 $\Delta\tau$ 越小,对应路径上信息素保留得越少,在后续迭代中被选择的概率就小[12]。

6.3.3 仿真分析

仿真实验算法流程图如图 6.4 所示。

在有障碍的环境内,应用 MAKLINK 图理论构造如图 6.5 所示的二维规划空间。

利用 Dijkstra 算法获得初始最短路径。算法流程如下:①初始化两个集合 V 和 S,分别存放未确定和已确定最短路径集合点,利用带权图初始化原点到其他节点的最短路径长度 D,其中,有连接弧的对应的值是其弧的权值,否则为极大值。②选择原点到点 i 的最短路径长度 $D[i]$,将点从集合 i 移至集合 S。③根据节点 i 更新数组 D 中原点到集合 V 中的节点 k 对应的路径长度值。④重复②③找到原点到所有节点的最短路径。通过以上算法得到图 6.6。

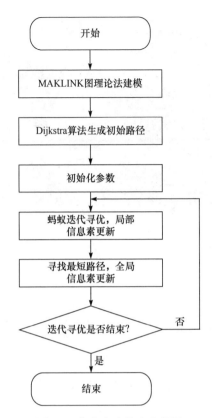

图 6.4 仿真实验算法流程图

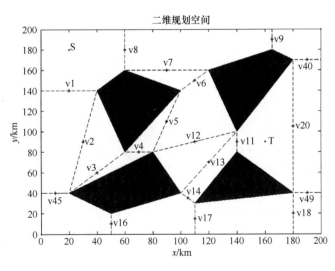

图 6.5 无向网络图

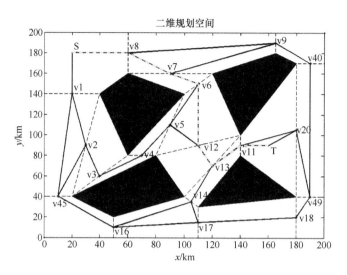

图 6.6　初始最短路径(见书后彩图)

初始化最短路径后,得到初始最短路径经过的链接线。每条链接线上 10 等分得到等分点作为采样点。计算采样点之间的距离 d,寻找所有采样点之间的最短距离 $\min d$ 和最长距离 $\max d$。从节点 i 到节点 j 的代价计算如下:

$$\text{cost} = \frac{d_{i,j} - \min d}{\max d - \min d}$$

$$\text{COST} = \sum \text{cost}$$

COST 为已选择路径代价值与待选择节点的代价和,作为再励学习机制奖惩标准。标准改变将会影响算法的迭代效果。当代价小于一定值时,给予奖励,局部更新中信息素衰减后的增量 $\Delta \tau$ 大,当代价大于一定值时,给予惩罚,局部更新中信息素衰减后的增量 $\Delta \tau$ 为零。加入再励学习机制的蚁群算法最后得到的迭代曲线和基本蚁群算法得到的迭代曲线对比图如图 6.7 所示。

通过图 6.7 可以看出,改进的蚁群算法较基本蚁群算法寻优更快,迭代曲线更加稳定。将再励机制引入蚁群算法,利用 MAKLINK 建立二维规划空间模型,Dijkstra 算法得到初始次优路径。在局部信息素更新中加入奖惩再励信号。仿真验证了改进型算法的有效性,改善蚁群算法搜索求解时陷入局部最优解而产生停滞现象,提高算法的搜索速度及寻优能力,能够明显地提高路径规划的效率。

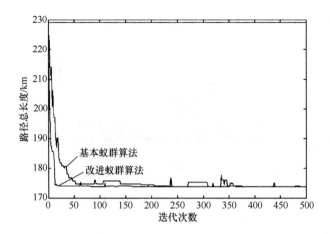

图 6.7　改进蚁群算法与基本蚁群算法迭代曲线图

参 考 文 献

[1] 李敏强, 寇纪淞, 林丹, 等. 遗传算法的基本理论与应用[M]. 北京: 科学出版社, 2002: 1-100.

[2] 玄光男. 遗传算法与工程优化[M]. 北京: 清华大学出版社, 2004: 1-100.

[3] 王爱军. 基于人工免疫算法的优化策略研究[D]. 大庆: 大庆石油学院, 2005: 1-65.

[4] 张宏烈. 移动机器人全局路径规划的研究[D]. 哈尔滨: 哈尔滨工程大学, 2002: 33-44.

[5] 刘玉明. 基于遗传算法的智能水下机器人全局路径规划的研究[D]. 哈尔滨: 哈尔滨工程大学, 2002: 35-94.

[6] 刘国栋, 谢宏斌, 李春光. 动态环境中基于遗传算法的移动机器人路径规划的仿真[J]. 西安石油大学学报:自然科学版, 2004(3): 85-88.

[7] 李智军, 吕恬生. 遗传法在自主移动机器人局部路径规划中的应用[J]. 机器人, 2000, 29(7): 26-29.

[8] 肖本贤, 余炎峰, 余雷, 等. 基于免疫遗传法的移动机器人全局路径规划[J]. 计算机工程与应用, 2007, 43(30): 91-93, 161.

[9] 黄席樾, 张著洪. 现代智能算法理论及应用[M]. 北京: 科学出版社, 2005: 32-154.

[10] 覃刚力, 杨家本. 自适应调整信息素的蚁群算法[J]. 信息与控制, 2002, 31(3):198-201.

[11] 张云. 一种基于模糊神经网络采用再励学习的 PID 控制器[D]. 曲阜: 曲阜师范大学, 2003.

[12] 陈岩, 苏菲, 沈林成. 概率地图 UAV 航线规划的改进型蚁群算法[J]. 系统仿真学报, 2009, 21(6): 1658-1663.

7
实时避碰系统的评价与验证

7.1　引言

　　第 2 章至第 6 章所提出的方法组成了一个完整的自主水下机器人实时避碰系统，将该避碰系统在工程实际中应用还有一些问题需要明确：如何确定自主水下机器人避碰能力的高低、评价避碰性能的优劣？怎样设计障碍场景来验证实时避碰系统性能？这些问题在学术论文中很少被提及，但却常常困扰实时避碰系统的具体设计和应用。

　　本章试图从系统工程的角度，把实时避碰系统看作是自主水下机器人控制系统中实现避碰功能的一个子系统进行深入分析和研究。首先，提出实时避碰系统的三维结构模型，讨论各子系统之间的联系和作用。其次，建立自主水下机器人实时避碰能力综合评价体系，明确单项评价指标和综合评价指标的因素。最后，为评价和验证实时避碰系统，设计了 20 余种典型障碍场景。

7.2　实时避碰系统的结构模型

　　我们把相互依存和相互影响的诸要素为了实现实时躲避障碍这一共同目标所构成的具有特定功能的集合体，称为实时避碰系统。也就是说，AUV 实时避碰系统是由相互联系、相互作用的许多要素结合而成的具有实时避碰功能的统一体，可用如下公式表示。

　　设 S 为 AUV 实时避碰系统，E 代表要素集合，R 代表要素关系集合，则 $S = [E|R]$，其中，

$$E = \{e_i \in E \mid i = 1, 2, \cdots, n\}, R = \{r_{ij} \mid e_i R_{e_j}, i = 1, 2, \cdots, n, j = 1, 2, \cdots, m\}$$

　　AUV 实时避碰作为一个系统，它不是这些自身要素的机械相加，而是这些要

素按一定结构方式组成并产生新质的具有综合特性的系统。因此，它的性质与功能不同于它的组成要素的性质与功能，其自身的组成要素与它们独立存在时也有本质上的不同，它的各个组成部分的相互作用比它们本身各自的特性更为重要。正是这些要素的特征和它们的相互作用影响着 AUV 实时避碰系统的运行方式、效率和效果，也决定着实时避碰系统的能力。

通过实时避碰过程分析，总结出 AUV 实时避碰系统的组成要素包括感知子系统 e_1、决策规划子系统 e_2 和推进子系统 e_3，图 7.1 为结构模型，邻接矩阵 $\boldsymbol{T}$ 为

$$\boldsymbol{T} = \begin{array}{c} \\ e_1 \\ e_2 \\ e_3 \end{array} \begin{array}{c} e_1 \ e_2 \ e_3 \\ \begin{bmatrix} 0 & 1 & 0 \\ 0 & 0 & 1 \\ 0 & 0 & 0 \end{bmatrix} \end{array}$$

式中，$\boldsymbol{T}$ 阵第 3 行元素均为 0，表示 e_3 为输出节点；第 1 列元素均为 0，表示 e_1 为输入节点。下面详细说明每个子系统的功能及它们之间的关系。

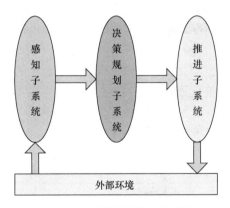

图 7.1　实时避碰系统结构模型

7.2.1　感知子系统

感知子系统是实时避碰系统感知外部环境的手段，能准确地感知到障碍的信息是进行成功避碰的前提。它接收外部环境的输入，并将其转化为可识别的信息输出到决策规划子系统。它的硬件由避碰、导航和定位传感器组成，软件由数据融合模块实现。避碰传感器决定着感知子系统的特性及相应采取的数据融合方法和实时避碰策略。

测距声呐只能测量与障碍的相对距离信息。采用测距声呐作为避碰传感器时，AUV 和障碍之间的关系就像盲人和大象一样。AUV 通过测距声呐感知到的只是障碍某一点的信息，仅由这一点的信息来决策避碰行为是片面的，必须采取合适

的数据融合方法逐渐累积信息，以做出更为合理、全面的决策。

无论是机械扫描式的还是多波束的二维成像声呐都属于能够测量障碍部分轮廓的避碰传感器，相比测距声呐而言拓展了 AUV 的"视野"，可以"看到"一个平面、一定范围内障碍的轮廓。二维成像声呐的图像信息为实时提取障碍特征和基于在线地图的实时轨迹规划提供了前提条件。

三维成像声呐在输出二维平面信息的基础上增加了高度数据，使得 AUV 具备感知三维局部环境的能力，从而为准确规划避碰行为提供更丰富的信息。

单位时间内避碰传感器提供的信息量越大，数据融合模块提取的障碍信息越准确、越精细，越有利于决策规划子系统做出较优的避碰决策。同时，避碰传感器最大作用距离与 AUV 转弯半径的比值越大，实时避碰系统就有越多的时间用于数据融合和决策规划，对环境的适应能力也越强。

7.2.2　决策规划子系统

决策规划子系统是实时避碰系统的核心，它依据来自感知子系统的障碍信息实时决策避碰行为、规划在线路径，为推进子系统提供速度、航向角、深/高度的期望输入。

决策规划子系统在自动驾驶计算机上运行，融合在 AUV 控制系统软件之中。按照输出信息分类，决策规划子系统与 AUV 控制系统结合的方式有三种：直接型、间接型和混合型。

直接型决策规划子系统又可细分为图 7.2(a)、(b)所示两种结构(图中各变量

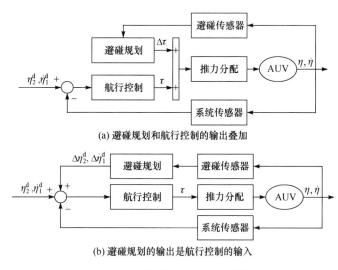

(a) 避碰规划和航行控制的输出叠加

(b) 避碰规划的输出是航行控制的输入

图 7.2　直接型决策规划子系统

含义参见文献[1])。图 7.2(a) 中避碰规划与航行控制并列，属于开环控制，其控制输出直接叠加在航行控制模块的控制输出上。该类决策规划子系统的优点是反应迅速、可将期望动作直接转化为控制力和力矩的增量，但是需要对避碰规划和航行控制复合作用的稳定性进行深入分析，确保机器人运动的平稳性。文献[2]中详细介绍了该类避碰规划模块的设计和半物理仿真验证结果，但未给出稳定性证明。

图 7.2(b) 为直接型避碰的另一种结构：避碰规划位于航行控制的前端，输出的是期望航行状态的偏移量，如偏航角度或上浮高度等。该类决策规划子系统在保证实时性的同时不破坏整个控制系统的稳定性，应用较为广泛。德国 DeepC AUV[3]、美国 REMUS AUV[4] 和 ARIES AUV[5] 均采用了此种决策规划结构。

无论是与航行控制模块并列还是位于其前端，直接型决策规划子系统均是直接将避碰传感器感知信息映射为 AUV 的动作或行为，属于刺激-响应的短期策略。因此缺乏对过去障碍信息的记忆和对未来避碰方向的规划，可能出现在同一障碍场景中反复徘徊的现象。

间接型决策规划子系统(图 7.3)中避碰规划的是 AUV 航行轨迹，输出的是轨迹控制行为。其基本思路是根据避碰传感器建立局部环境模型，采用优化方法产生绕过障碍并指向目标的最优或次优轨迹。此时，避碰规划位于航行控制的上一层次，当发现障碍时依靠不断修改期望轨迹使得 AUV 偏离原有轨迹，达到躲避障碍的目的。间接型决策规划子系统首先从感知信息中获取局部环境地图，再根据在线地图生成优化轨迹，因此比直接型决策规划子系统具有更好的独立性和适应性。但累积环境信息和寻优过程都需要较长时间，实时性稍差。间接型决策规划子系统在移动机器人中应用较为广泛[6]。

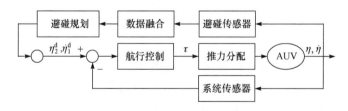

图 7.3　间接型决策规划子系统

混合型决策规划子系统(图 7.4)由避碰控制、路径规划和监控决策三部分组成。避碰控制与直接型决策规划类似，负责从障碍信息到航行状态偏移量的直接映射，从而为累积环境信息和路径规划赢得时间。路径规划与间接型决策规划类似，负责在地图中搜索满足特定适应性函数的优化路径，为 AUV 彻底摆脱障碍提供更有效的途径。

通常避碰控制与航行控制具有相同的控制周期，处于几百毫秒量级；而路径规划不具有固定的控制周期，由监控决策模块根据环境和系统状态实时决定是否运行。显然，混合型决策规划子系统兼顾了直接型和间接型决策规划的优点，既能在靠近障碍时应用避碰控制策略远离障碍，又能站在局部环境的高度在线规划路径，从而大大增强了应对复杂环境的鲁棒性和适应性。本书所建立的实时避碰系统采用的便是混合型决策规划子系统。

总体来说，避碰规划在结构上距离航行控制越远，独立性越强，对整个控制系统稳定性的影响越小；但同时对避碰传感器信息量、AUV 航行控制能力、轨迹跟踪能力的要求也越高。因此，决策规划子系统要依据 AUV 的特性和避碰传感器进行选择和设计。

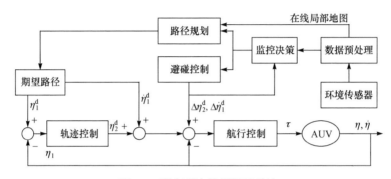

图 7.4 混合型决策规划子系统

7.2.3 推进子系统

推进子系统是实时避碰系统的执行机构，它把决策规划子系统的输出作为期望输入，执行改变 AUV 航行状态的避碰行为，最终达到避开障碍的目的。AUV 的推进方式影响着 AUV 的操纵性，也直接决定了 AUV 可控自由度的数量和机动能力，决定了可行避碰行为的内容。

有一类 AUV 追求较高的速度或较远的航程，一些文献中称为 Cruising AUV。通常该类 AUV 采用对称的流线型外形和主推加舵的推进方式，属于典型的欠驱动系统。该类 AUV 只有 4 个自由度可控，即前进、上升/下潜、转向、抬艏/低艏，机动能力较差，不具备后退、原地转向和垂直上升/下潜等能力。针对这类 AUV，可选择的实时避碰行为非常有限，通常只有转向和上升/下潜两种。

另一类 AUV 更注重获得较高的机动能力，一些文献中称为 Hovering AUV。该类 AUV 通常采用不对称外形和多个推进器分散布置的形式，如美国伍兹霍尔海洋研究所的 ABE AUV 共有 5 个推进器，具有"坐底"、垂直升降等机动能力；东京大学 Tri-Dog 1 AUV 有 6 个推进器，具有侧移、悬停等能力。这类 AUV 具有较高的机动性，遇到障碍时可以先停下来，仔细观察后再做出决策。因此，针对该类 AUV，可设计出更多的实时避碰行为，如悬停、向左/右水平移动一定距离、向上/下垂直移动一定距离等。

AUV 载体机动能力越强，决策规划子系统可选取的避碰行为也越多，对环境的适应性也越好。当 AUV 具有原地转向的机动能力时，AUV 可跟踪水平面内任意形状的曲线，即理论上通过改变航向角可绕过任意形状的障碍。

总体上，实时避碰系统内感知、决策规划和推进三大要素是相互依存、相互制约、不可分割的部分，它们依次相连组成了实时避碰系统的整体。实时避碰系统与外部海洋环境之间是相互因果的关系，由于环境中阻碍 AUV 运动障碍的出现，实时避碰系统开始决策规划，引导 AUV 偏离原有航线、避开障碍；当环境中没有障碍时，决策规划子系统处于"休眠"状态，由控制系统中的航迹控制模块控制 AUV 航行状态。

7.3 AUV 实时避碰能力综合评价体系

AUV 实时避碰能力的综合评价是按照特定的评价指标体系对 AUV 实时避碰系统所实现的避碰能力进行评估。它是连接实时避碰方法理论研究和实践应用的一个桥梁。没有这个评价指标体系就很难说所设计的实时避碰系统是否满足要求，也无法比较不同避碰系统的优劣，只能停留在以往比较模糊和笼统的观点加例子的定性层次上。从这个角度看，对 AUV 实时避碰能力进行综合评价，既是揭示实时避碰系统性质，也是提高 AUV 实时避碰能力的一个关键性、基础性环节。

7.3.1 建立 AUV 实时避碰能力综合评价体系的原则

设计 AUV 实时避碰能力的综合评价指标不仅要科学实用、可操作性强，而且还要便于它们之间横向和纵向的比较分析。因此，在设计 AUV 实时避碰能力的综合评价体系指标时，应遵循以下几个原则。

(1)目的性原则——明确实时避碰能力综合评价的对象与目的。例如，针对的是哪一类 AUV？用户和作业使命对避碰的需求是什么？

(2)完整性原则——不能遗漏评价指标，不出现上下关系和交叉关系的评价指标，能较全面地反映 AUV 实时避碰系统的特性。

(3)客观性原则——应坚持定性与定量指标结合、绝对与相对指标结合，尽可能减少综合评价中的主观影响。要保证评价的客观性，还必须注意：所采用的仿真环境或试验环境具有全面性和代表性，防止以偏概全。

(4)可行性原则——评价指标应该是可以测量或计算的，便于实施评估。

7.3.2 建立 AUV 实时避碰能力综合评价体系的步骤

针对某一 AUV，实时避碰系统的解决方案有多种，相应的避碰方法更是层出不穷，那么如何在多种方法中选择合适的方法就成为十分棘手的问题，至今仍没有被普遍公认的准则。

AUV 实时避碰系统是一个复杂的对象，其性能很难一下子科学、严密地量化，人们对其量化也有争议，但这并不等于实时避碰能力不能描述和表现。实时避碰能力不易量化，但至少可以客观地表现和被记录。对这些表现和记录，运用合理、科学的方法进行综合分析，就可以得出比较满意的结论。

AUV 实时避碰能力综合评价主要存在两方面困难：一方面是有些指标难以量化，有时与用户需求和安全性要求有关，例如避碰过程的平稳性和连续性，避碰过程中与障碍的最近距离就是这样的一类指标；另一方面是不同避碰系统可能各有所长，难以给出合适的比较结论。

针对这两个难点，本书结合大量实践经验，尽可能将各项指标数量化、归一化和无量纲化，提出了 AUV 实时避碰能力综合评价体系，如图 7.5 所示。作业环境、用户需求等先验知识是确立评价指标的依据，不同的要求产生不同的评价指标。明确拟评价的对象和目的、制定切实可行的评价准则是综合评价体系的第二层。综合评价体系有两个核心：单项指标和综合指标。单项指标明确了实时避碰系统各组成子系统的能力和水平，而综合指标表明了避碰过程中 AUV 实时避碰系统所表现出的能力的高低。实时避碰能力的评价结果将作为实时避碰系统进一步修正和改进的依据。

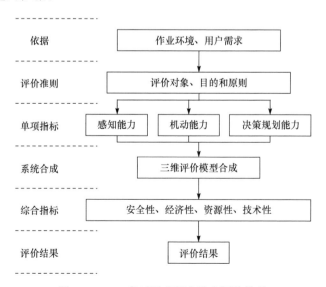

图 7.5 AUV 实时避碰能力综合评价体系

7.3.3 AUV 实时避碰能力综合评价方法

目前学术界对 AUV 乃至智能机器人的实时避碰能力还没有统一的评价体系。本书作者认为实时避碰本身是一个笼统概念，评估实时避碰能力可从两个方面考虑：一是将实时避碰能力进一步展开，用更基本、具体的能力来描述和刻画；二是考察仿真或试验中实时避碰过程的优劣。前者属于单项的静态考核指标，从中可以找到组成实时避碰系统的各子系统的能力和水平；后者属于综合的动态考核指标，必须经过具体的仿真或试验才能获得。

1. 单项指标

根据实时避碰系统的结构模型，本书提出了一个包含三方面内涵的、描述实时避碰能力的体系框架，如图 7.6 所示。AUV 实时避碰能力展开为三个具体能力：机动能力、感知能力和决策规划能力。

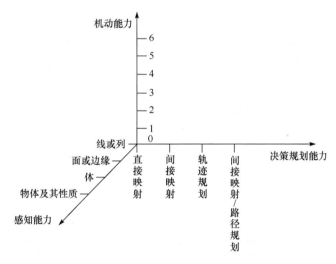

图 7.6　自主水下机器人实时避碰能力的三个方面

假设每个 AUV 都具有基本的运动能力，能实现前进、上浮/下潜和转向运动的操纵和控制。机动能力表示 AUV 改变航行状态的能力，包括后退能力、垂直升降能力、水平侧移能力、原地转向能力、悬停定位能力和原地俯仰能力等。机动能力的数量化方法采用打分法。AUV 可以具有上述一种或几种机动能力，每增加一种能力，增加一分，则机动能力用 0~6 分衡量。其中 0 分表示 AUV 不具有上述 6 种机动能力，改变航行状态的能力最差；6 分表示 AUV 具有全部机动能力，改变航行状态的能力最好。

感知能力表示 AUV 感知、建立作业环境内部模型，并把在环境中感觉到的实体、事件和情景进行分类的能力[7]。参照无人系统自主分级(autonomy levels for unmanned systems，ALFUS)标准，将感知能力分为四个级别，如表 7.1 所示。测距声呐和基于 D-S 证据理论的数据融合方法所实现的感知能力处于 0 级，前视声呐所实现的感知能力能达到 1 级，成像声呐可达到 2 级，而 3 级感知能力需成像声呐、底质声呐等多个传感器的组合才能实现。

表 7.1 感知能力级别的含义

感知能力级别	含义
0	线或列，连续的点的集合
1	面或边缘，连续的线或列的集合
2	体，连续的面或边缘
3	物体及其性质，包括物体密度、分布状态、相对位置或速度等随时间或空间变化的规律

决策规划能力表示实时、优化地规划出一组适应性最高的 AUV 避碰行为的能力，是 AUV 实时避碰能力最重要的体现。对决策规划能力暂定为 0～3 级，分别为直接映射、间接映射、轨迹规划和间接映射/路径规划。各级别具体含义参见表 7.2。

表 7.2 决策规划能力的含义

决策规划能力	级别	含义
直接映射	0	把对环境的理解直接映射为 AUV 控制指令
间接映射	1	把对环境的理解映射为 AUV 航行状态期望的偏移量
轨迹规划	2	由对环境的理解生成一系列轨迹控制行为，即 AUV 航行状态期望值随时间变化的序列
间接映射/路径规划	3	把对环境的理解映射为 AUV 航行状态期望值的偏移量，并且实时修改期望路径

实时避碰能力的三个方面构成了一个相互支撑的整体。机动能力决定了可供选择的避碰行为的多少，感知能力是自主决策规划的依据，决策规划则体现了 AUV 自主避碰的"思维过程"。三个方面缺一不可，共同组成了 AUV 实时避碰能力体系框架。

单项指标表明了 AUV 实时避碰能力涉及的三个方面，但不能说明实时避碰能力的高低。本书根据实时避碰过程，把衡量 AUV 实时避碰能力的标准暂定为 0～3 级，如表 7.3 所示。显然，级别越高，实时避碰能力越强，但同时对感知能力、机动能力和决策规划能力的要求也越高。

.3 实时避碰能力的含义**

实时避碰能力级别	含义
0	无避碰能力
1	能实现水平或垂直避碰过程
2	能同时实现水平和垂直避碰过程
3	具有跟踪任意三维空间曲线的能力

2. 综合评价模型

经典的综合评价是用总分法或加权平均的方法得出一个总分进而进行排序择优，而本书引入模糊多级评价模型，要建立评价对象的因素集 U、评语集 V 和评价矩阵 $\boldsymbol{R}$，并通过合适的模糊算子进行综合评价。AUV 实时避碰性能的优劣与多种因素相关：

$$U = \{u_1, u_2, \cdots, u_n\}$$

用"满意度"作为评价指标的评价结果，建立评语集：

$$V = \{v_1, v_2, \cdots, v_m\}$$

对因素集中的每一个因素进行评价：

$$f : U \to F(V), \quad \forall u_i \in U$$

$$f(u_i) = \frac{r_{i1}}{v_1} + \frac{r_{i2}}{v_2} + \cdots + \frac{r_{im}}{v_m}, \quad 0 \leqslant r_{ij} \leqslant 1, \quad 0 \leqslant i \leqslant n, \quad 0 \leqslant j \leqslant m$$

由 f 诱导出模糊关系，得到评价矩阵 $\boldsymbol{R}$：

$$\boldsymbol{R} = \begin{bmatrix} r_{11} & r_{12} & \cdots & r_{1m} \\ r_{21} & r_{22} & \cdots & r_{2m} \\ \vdots & \vdots & & \vdots \\ r_{n1} & r_{n2} & \cdots & r_{nm} \end{bmatrix}$$

考虑到不同需求和应用背景下，对各个因素的侧重可能不同，为每个因素添加一个相应的权重，即权重集 $A = \{a_1, a_2, \cdots, a_n\}$。设 $B = \{b_1, b_2, \cdots, b_m\}$ 是 V 上的一个模糊子集，则综合评价结果为

$$B = A \circ \boldsymbol{R}$$

其中，

$$b_j = \bigvee_{i=1}^{n}(a_i \wedge r_{ij}), j = 1, 2, \cdots, m$$

由此 $(U, V, \boldsymbol{R})$ 构成了一个 AUV 实时避碰能力的综合评价模型，或称为综合评

价空间。下面详细介绍每一个因素集的组成。

作者认为实时避碰是一系列适应环境突变的应急策略，它的安全性比最优性更加重要。因此，综合评价模型的第一级所代表的是表示实时避碰过程安全性的定性指标，包括以下两种因素。

1) 成功地绕过障碍

至少有两点含义：一是任意时刻 AUV 与障碍的最近距离均大于设定的安全距离；二是避障过程结束后 AUV 与目标点的距离比避障前更近。

2) 避碰过程中保持连续、稳定的航行状态

避碰过程中 AUV 的纵倾角和横滚角均不能超过设定的最大纵倾角和最大横滚角，AUV 不能出现操纵失控和中断。

只有满足上述安全性要求的避碰过程才能称得上是成功的避碰过程，相应的避碰系统才能称得上是可行的系统。实时避碰系统的最优性可用如下综合评价模型的第二级指标来定量衡量。

(1) 避碰时间：从检测到障碍到成功绕过障碍所耗费的时间；

(2) 避碰距离：从检测到障碍到成功绕过障碍航行轨迹曲线的长度；

(3) 能源消耗：避碰过程中消耗的能源总量；

(4) 存储空间：避碰决策规划过程中所需的最大存储空间；

(5) 计算速度：每次避碰决策规划所需的时间；

(6) 偏移量：从避碰起始点和结束点向原有路径作垂线，所得到的航行轨迹与原有路径的封闭空间的水平面投影面积。

显然，针对不同避碰方法，用同一 AUV 在相同条件下进行试验，避碰时间越短、避碰距离越短、能源消耗越少、存储空间越小、计算速度越快并且偏移量越小的方法具有更高的优越性。上述定性指标表明了实时避碰方法的基本设计要求，定量指标给出了相同条件下比较不同实时避碰方法的标准。

最后需明确的是：影响 AUV 避碰性能的因素是多方面的，除了可行最优的实时避碰方法外，还受到避碰传感器最大作用距离、AUV 转弯半径和是否具有后退、侧移、悬停等机动能力的制约。因此，要从多方面评价一个 AUV 实时避碰系统：既包括从感知、机动和决策规划等方面比较不同 AUV 自身的避碰能力，也包括从仿真或试验的避碰过程中综合评价 AUV 实时避碰能力的好坏。

7.4 实时避碰系统验证

对 AUV 实时避碰能力进行综合评价，是通过避碰过程中实时避碰系统与外

部环境相互作用所表现出来的各种能力的评判来实现的。这个避碰过程可以通过仿真或外场试验实现。第 5 章中已表述作者的观点：实时避碰方法的验证应以仿真实验为主、外场试验为辅。因此，本节主要讨论如何设计仿真实验环境来评价和验证实时避碰系统。

7.4.1　障碍的含义

障碍是一个相对的概念，如果物体没有阻碍 AUV 航行的进程，则该物体对于 AUV 来说便不是障碍；如果事先已知物体的位置和大小，则在规划路径时选择远离物体的路径，那么对于实时避碰而言该物体也称不上是障碍。那到底什么是障碍呢？本书引述文献[7]中的解释，把实时避碰中的障碍定义为在航行过程中传感器探测到的、妨碍或阻挡 AUV 载体运动的、外部的任何未知物理实体。

障碍的属性包括外形、材质、位置、速度和角速度等。障碍外形可以分为凸形(如海山、沉船)和凹形(如沟壕)；障碍材质可以是硬质的或软质的；障碍可以是天然形成的、人工的或兼而有之；可以由单个或多个实体组成(如沉船和水雷线)；也可以是移动或静止的。

单个障碍和多个障碍的含义也是相对的。在理论上当两个障碍的最近距离大于避碰传感器最大作用距离时，对于 AUV 便是两个单独的障碍。有时为了以尽可能少的仿真实验次数验证更多障碍环境下避碰方法的有效性，可以在环境中放置多个相距超过避碰传感器最大作用距离的单体障碍。

7.4.2　典型障碍场景设计

验证实时避碰系统的有效性有两种思路：一是随机生成障碍场景，用成功躲避障碍的实验次数和实验总次数之比作为成功率，来定量衡量避碰方法的性能；二是设计典型障碍场景，以有限数量的实验来评价和检验实时避碰系统。显然，第一种思路需要成千上万次的实验才具有说服力，而这对于半物理实时仿真实验是不现实的。因此，本书遵从第二种思路，该思路的难点是如何定义具有代表性和说服力的典型障碍场景。

在说明典型障碍场景的设计方法之前，本书首先假设 AUV 所面对的障碍均是静态的。这是考虑到海洋环境的特殊性：对 AUV 来说，可能成为动态障碍的有海洋动物、潜艇、其他 AUV 和水面舰艇等。通常，海洋动物自身的防御本领足以使之远离 AUV；潜艇和水面舰艇属于有人控制的载体，如果他们能够发现 AUV 也会主动避开 AUV。而对于其他 AUV 的避碰，则应属于多 AUV 协调控制的范畴。因此，我们有充分的理由暂时不考虑动态障碍，而假设 AUV 所面对的障碍均是静态的。

分析 AUV 躲避障碍的过程，可归结为 AUV 在大地坐标系 X、Y、Z 三个轴上位移和速度分量的变化。由此，将障碍沿着 AUV 航行深度和航行方向划分出水平切面和垂直切面，并以切面的形状来定义典型障碍。

按照基本几何形状的定义，针对水平面避碰能力的验证，可将障碍水平切面形状分别设计成圆形、长方形、三角形和凸多边形；圆半径或多边形边长分别选取 AUV 转弯半径的一倍和二倍为代表。针对垂直面避碰能力的验证，可将障碍垂直切面分别设计成三角形、梯形和半月形，并以 AUV 允许的最大纵倾角为底角。共计 11 种单个障碍。

多个障碍场景的设计相对比较复杂。首先从 AUV 的角度分析，由于传感器信息的局限性，AUV 无法判定障碍是一个还是多个——即对于 AUV 而言，只关注当前环境的特征，而并不考虑障碍的数量。其次，通过考察两个障碍的相对位置可知，两个障碍结合后有两种可能：形成拐角或缝隙。

由此，将两个障碍连接后得到不同于单个障碍的水平面和垂直面特征分别如图 7.7 和图 7.8 所示。水平面内障碍连接的典型特征有 2 个内墙角、2 个外墙角和 1 个夹缝，其中夹缝之间的宽度应小于传感器最大作用距离。同理，垂直面内障碍连接的典型特征有 5 种：多层复杂的台阶、下坡过程中的平台、上坡过程中的突起、下坡过程中的突起和跨度小于测距声呐最大作用距离的沟壑等。

除上述典型障碍情形外，还有一类特殊的障碍场景——陷阱，如图 7.9 所示，这三种水平面陷阱在港口、水下结构物、沉船或水下古城遗址中可能遇到。

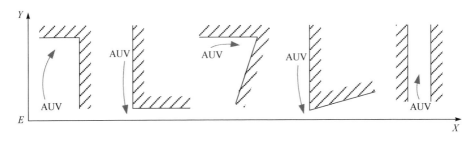

图 7.7　水平面内障碍连接的特征

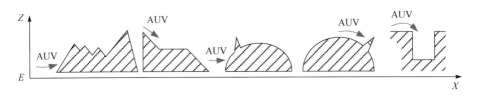

图 7.8　垂直面内障碍连接的特征

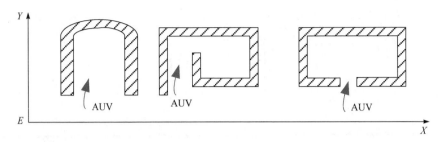

图 7.9　一些典型的陷阱

　　上述典型障碍场景具有一定的代表性。还可以在仿真过程中加入噪声、干扰、海流等不确定因素，以更真实地模拟海洋环境。

　　综上所述，共建立了水平面障碍、垂直面障碍、多个障碍和陷阱场景等 20 余种典型障碍场景；实时避碰系统的验证应以这些典型障碍场景为代表进行大量仿真实验，外场试验仅作为辅助手段。

参 考 文 献

[1]　Fossen T L, Fjellstad O E. Nonlinear modelling of marine vehicles in 6 degrees of freedom[J]. Journal of Mathematical Modelling of Systems, 1995, 1(1): 1-11.

[2]　张禹, 邢志伟, 黄俊峰, 等. 远程自治水下机器人三维实时避障方法研究[J]. 机器人, 2003, 25(6): 481-485.

[3]　Eichhorn M. An obstacle avoidance system for an autonomous underwater vehicle[C]. 2004 International Symposium On Underwater Technology, Taipei, China, IEEE, 2004: 75-82.

[4]　Furukawa T H. Reactive obstacle avoidance for the REMUS autonomous underwater vehicle utilizing a forward looking sonar[D]. Monterey: Naval Postgraduate School, 2006.

[5]　Horner D P, Healey A J, Kragelund S P. AUV experiments in obstacle avoidance[C]. Proceedings of MTS/IEEE OCEANS, 2005: 1-7.

[6]　祖迪. 动态环境下移动机器人自主规划方法研究[D]. 沈阳: 中国科学院沈阳自动化所, 2007.

[7]　ASTM International. Standard Guide for Unmanned Undersea Vehicles（UUV）Autonomy and Control[S]. ASTM F2541-2006, West Conshohocken, PA, 2006: 1-23.

索　引

彩　　图

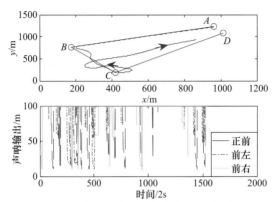

图 2.1　某次试验中期望路径、航行轨迹和声呐输出

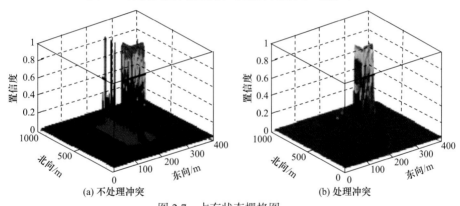

(a) 不处理冲突 　　　　　　　　　　　　　(b) 处理冲突

图 2.7　占有状态栅格图

置信度：0-不信任；1-信任

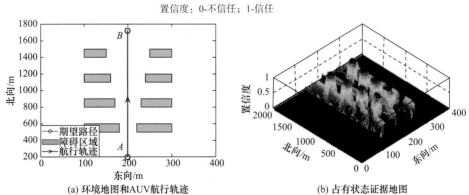

(a) 环境地图和AUV航行轨迹 　　　　　　　　(b) 占有状态证据地图

图 2.9　仿真场景和证据地图

置信度：0-不信任；1-信任

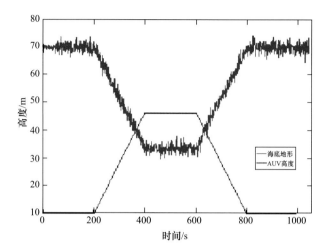

图 2.13   海底地形随时间的变化关系及 AUV 测量数据(仿真场景一)

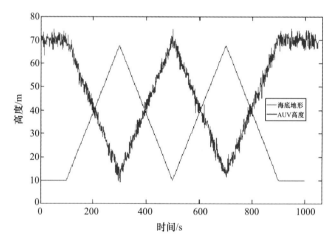

图 2.15   海底地形随时间的变化关系及 AUV 测量数据(仿真场景二)

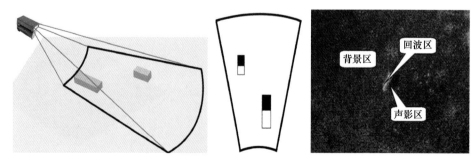

图 3.3   多波束图像声呐成像示意图及原始声呐图像

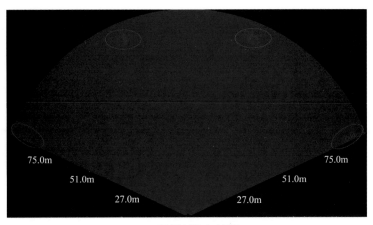

(a) t时刻的原始声呐图像

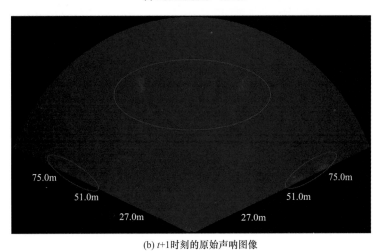

(b) $t+1$时刻原始声呐图像

图 3.4 存在其他声学设备干扰的原始声呐图像

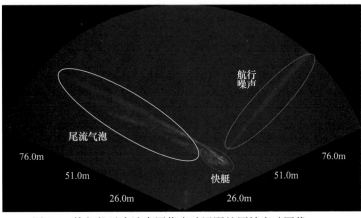

图 3.5 快艇航过多波束图像声呐视野的原始声呐图像

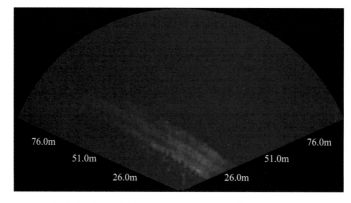

图 3.6　快艇航过后尾流消散的原始声呐图像

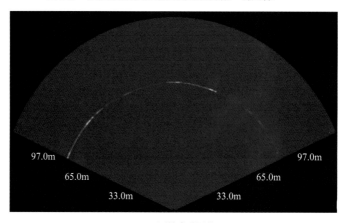

(a) 原始声呐图像

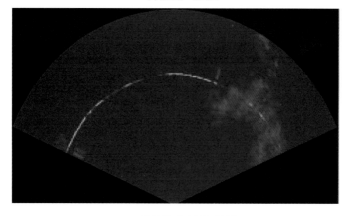

(b) 滤波处理后的声呐图像

图 3.8　原始声呐图像和滤波处理后的声呐图像

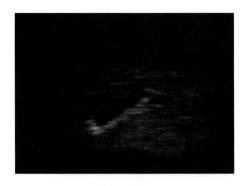

(a) 原始声呐图像　　　　　　　　　　　　　(b) 可跟踪性算法处理后的声呐图像

图 3.9　原始声呐图像和可跟踪性算法处理后的声呐图像

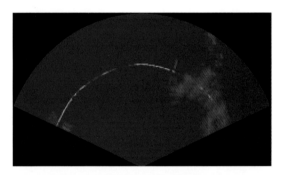

(a) 滤波处理后的声呐图像

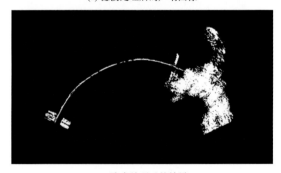

(b) 聚类处理后的结果

图 3.12　滤波处理后的声呐图像和聚类处理后的结果

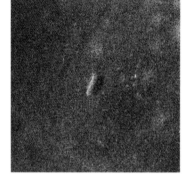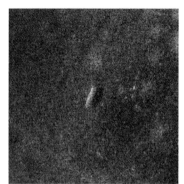

(a) 原始声呐图像   (b) 分割处理后的结果

图 3.14   原始声呐图像和 C-V 模型分割处理后的结果

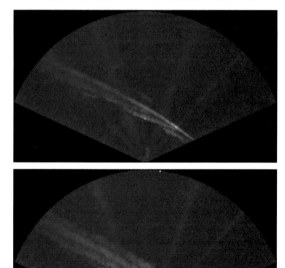

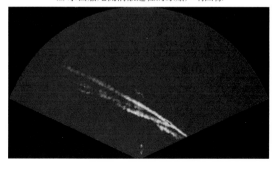

（a）水面船尾流消散过程的原始声呐图像

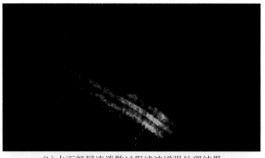

(b)水面船尾流消散过程滤波增强处理结果

(c)水面船尾流消散过程分割处理结果

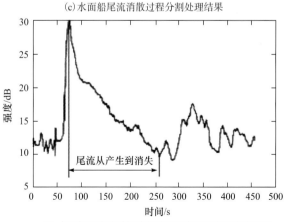

(d) 水面船尾流随时间消散过程的声呐强度的统计特征

图 3.20　尾流的消散过程及提取尾流的统计特征过程

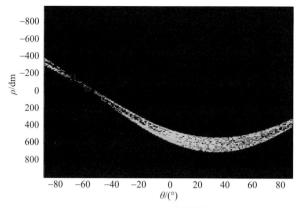

(a) Hough变换结果

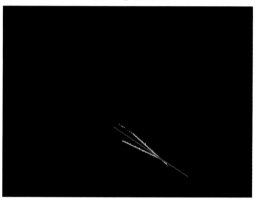

(b) 图像中线性特征提取结果

图 3.22　Hough 变换结果和线性特征提取结果

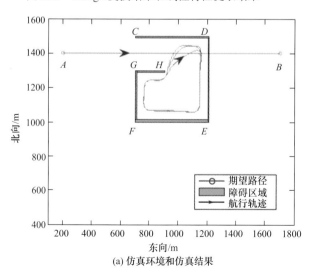

(a) 仿真环境和仿真结果

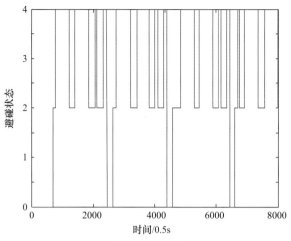

(b) 避碰状态曲线

图 4.11　避碰过程无限长的仿真示例

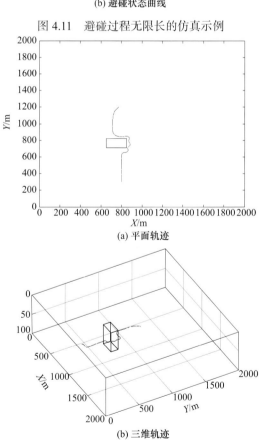

(a) 平面轨迹

(b) 三维轨迹

图 5.17　水平面避碰轨迹

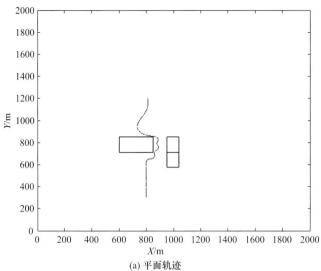

(a) 平面轨迹

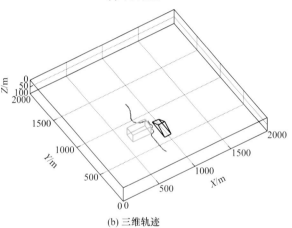

(b) 三维轨迹

图 5.19 两个障碍避碰轨迹

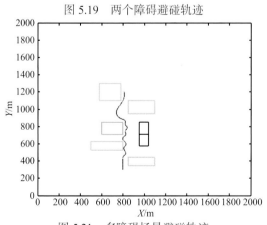

图 5.21 多障碍场景避碰轨迹

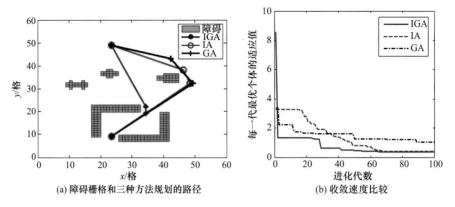

(a) 障碍栅格和三种方法规划的路径　　　(b) 收敛速度比较

图 6.1　比较 IGA、IA 和 GA 性能的仿真实验

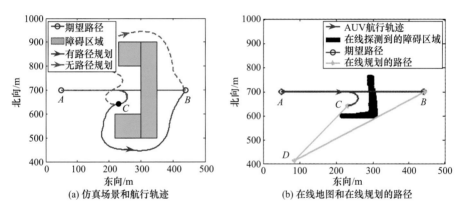

(a) 仿真场景和航行轨迹　　　(b) 在线地图和在线规划的路径

图 6.2　验证 IGA 实时路径规划作用的仿真实验

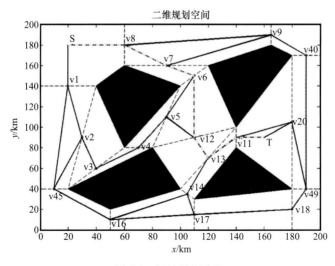

图 6.6　初始最短路径